Internet für Mediziner

Florian Korff

Internet für Mediziner

Dritte, aktualisierte
und ergänzte Auflage

 Springer

Dr. Florian Korff
Schleißheimer Straße 44a
80333 München

Mit 53 Abbildungen

1. korrigierter Nachdruck 2000

Die Deutsche Bibliothek – CIP-Einheitsaufnahme

Korff, Florian
Internet für Mediziner/Florian Korff. – 1. korr. Nachdr. der 3. Aufl. – Berlin;
Heidelberg; New York; Barcelona; Hongkong; London; Mailand; Paris;
Singapur; Tokio: Springer, 2001
    ISBN 978-3-540-66263-1   ISBN 978-3-642-58593-7 (eBook)
    DOI 10.1007/978-3-642-58593-7

Umschlaggestaltung: Künkel + Lopka, Heidelberg
Herstellung: Ulrike Stricker, Springer-Verlag, Heidelberg
SPIN 10776954   33/3142 – 5 4 3 2 1 0 – Gedruckt auf säurefreiem Papier

Vorwort zur dritten Auflage

Nach wie vor entwickelt sich das Internet in extremer Geschwindigkeit. So gehen alleine in Deutschland pro Monat mehr als 150.000 Personen zusätzlich online. Die große Nachfrage nach Online-Information schlägt sich auch im Angebot nieder. Stand noch vor wenigen Jahren der reine Image-Auftritt der Anbieterunternehmen im Vordergrund, so sind heute viele Angebote bereits mit professionellen Datenbanken verknüpft.

Auch medizinische Information ist sehr gefragt. Bei meinen Vortragsreihen zum Thema Internet höre ich immer häufiger von Ärzten, die von ihren Patienten mit aktuellen Auszügen aus dem Internet konfrontiert werden.

Wer hätte noch vor kurzem gedacht, daß Dienste wie das Deutsche Medizin Forum, zu dem auch der Medizinindex Deutschland gehört, durchschnittlich 560.000 mal pro Monat angefragt werden?

Durch die Liberalisierung des Telekommunikationsmarktes und die Bereitstellung von neuen Technologien wie z.B. ADSL wird die Entwicklung hin zur vernetzten Gesellschaft zusätzlich weiter forciert. Als Anwender eröffnet sich damit die Möglichkeit die Kommunikationskosten erheblich zu senken.

Dies wiederum ist die Voraussetzung um über das Internet Verbraucher und Patienten gezielt ansprechen und informieren zu können.

Mit der komplett überarbeiteten 3. Auflage möchte ich den neuesten Entwicklungen Rechnung tragen und Ihnen Wege aufzeigen, wie Sie sich die Möglichkeiten des Internet erfolgreich und schnell erschließen können.

München, im Sommer 1999   Dr. Florian Korff
Korff@Medizin.de

Vorwort zur zweiten Auflage

Ein Menschen-Jahr sind
zehn Internet-Jahre

Dieser Ausspruch eines bekannten Internet-Experten vermittelt in eindringlicher Weise die enorme Dynamik, welche sich hinter dem Internet verbirgt.

Es ist in der Tat zutreffend, daß sich in der Geschichte der Menschheit noch niemals zuvor ein Medium mit derart rasanter Geschwindigkeit durchgesetzt hat. Während der Rundfunk in den USA circa 39 Jahre und das Fernsehen circa 15 Jahre benötigte, bis 50 Millionen Haushalte erreicht wurden, erreichte das Internet diese Durchdringung bereits sechs Jahre nach seinem Start als Massenmedium. Diese Zahlen sind als deutlicher Hinweis zu werten, wohin sich die moderne Gesellschaft entwickeln wird.

Seit dem Erscheinen der ersten Auflage dieses Buches hat auch das medizinische Angebot im Internet eine explosionsartige Entwicklung erlebt. Neben der Darstellung interessanter Angebote aus dem Fachbereich war es für mich daher besonders wichtig, auch die Methoden der Informationsrecherche im Internet mittels allgemeiner und medizinischer Suchsysteme detailliert zu beschreiben.

Weitere neue Buchabschnitte befassen sich mit dem Intranet, den Möglichkeiten, welche ISDN für den Internetbenutzer bietet sowie dem brisanten Thema Datenschutz. Für diesen Beitrag möchte ich an dieser Stelle ganz besonders Dr. Sixtus Allert danken. Des weiteren gilt mein Dank allen, die mich direkt und indirekt bei der Zusammenstellung und Umsetzung des Buches unterstützt haben.

Für kritische Anmerkungen und die Bekanntgabe neuer interessanter Adressen bin ich stets dankbar.

München, im Herbst 1997

Dr. Florian Korff
Korff@Medizin.de

Vorwort

Die Begriffe Internet und Online-Dienst sind in aller Munde. Der Umgang mit diesen informationstechnischen Einrichtungen wird immer selbstverständlicher. Daher ist es notwendig, diese komplexe Struktur mit Hilfe von Modellen recht anschaulich zu beschreiben und zur Benutzung einzuladen.

In diesem Buch wird versucht, die ersten Schritte zur Bedienung dieser innovativen Kommunikationsform so einfach wie möglich darzustellen. Um dieses Ziel zu erreichen, eignet sich das Printmedium in besonderer Weise.

Das gesamte im Internet verfügbare medizinische Wissen erschöpfend darzustellen, ist in einem einzigen Buch nicht möglich. Ich habe daher versucht, einen umfassenden Überblick über die notwendigen Grundlagen zum Thema Internet zu geben und die wesentlichen Aspekte zum Einstieg in die neue Kommunikationswelt zu illustrieren.

Für kritische Anregungen und Hinweise bin ich stets dankbar.

An dieser Stelle möchte ich mich bei den Mitarbeitern des Verlages sowie bei meinen Eltern Dr. Hermann Korff und Dr. Eva Korff für die Geduld und Unterstützung bedanken.

München, im Frühjahr 1997   Dr. Florian Korff

Inhaltsverzeichnis

1 Ziel des Buches

1.1 Weshalb gibt es dieses Buch?

Wir befinden uns im Informationszeitalter, einem Zeitalter der elektronischen Telekommunikation, der Online-Dienste und des Internet. Jeder in der Medizinbranche Tätige ist einer stetigen Flut von Verordnungen, Fortbildungsaufforderungen und Broschüren der Industrie, der Verbände und Standesorganisationen ausgesetzt. Die Anzahl der Informationsschriften, die der Einzelne zu bearbeiten hätte, ist der offensichtliche Beweis dafür, wie sehr er tatsächlich von der Informationsfülle betroffen ist. Der Posteingang einer durchschnittlichen Arztpraxis läßt sich heutzutage schon fast in Mengenangaben wie „kg pro Tag" oder „m pro Woche" definieren. Die Selektion der relevanten Informationen ist oft mühsam und vor allem in der zur Verfügung stehenden Zeit kaum zu bewältigen. Dies führt dazu, daß viele Kollegen dieser Situation gleichgültig oder sogar hilflos gegenüberstehen.

Andererseits verkürzt sich auch die Halbwertszeit medizinischen Wissens immer stärker. Der Druck auf den Einzelnen wächst, immer auf dem neuesten Stand der wissenschaftlichen Erkenntnisse zu sein. Dies hat zur Folge, daß neue Methoden der gezielten und effektiven Informationsgewinnung ihren Einzug in die Medizin nehmen werden.

Das Internet bietet hierzu ideale Voraussetzungen. Das Online-Angebot für Mediziner oder medizinassoziierte Gruppen wird mit hoher Geschwindigkeit ausgebaut und verfeinert. Über die verschiedensten Datenbanken lassen sich in kurzer Zeit umfangreiche Recherchen durchführen oder neueste Informationen abfragen.

Je früher man sich mit den neuen elektronischen Medien beschäftigt, umso leichter fällt der Überblick.

Die Nutzung dieser Medien ist allerdings nicht ohne Vorkenntnisse möglich.

Zwar werden die technischen Grundvoraussetzungen, die für eine Beteiligung an der elektronischen Kommunikation notwendig sind, bereits von einer Vielzahl von Arztpraxen, Apotheken und Unternehmen sowie von allen Universitäten erfüllt. Dennoch gibt es erhebliche Schwellenängste, die vor allem auf der Unkenntnis der komplexen Strukturen des Internet beruhen.

Dieses Buch soll den Leser dazu ermuntern, den ersten Schritt in das Zeitalter der Zukunft zu wagen. Es begleitet den Anfänger bei seinen ersten Gehversuchen in die Welt der neuen Medien. In leicht verständlichen Worten und unterstützt durch zahlreiche Illustrationen werden die Strukturen und Zusammenhänge des Internet transparent dargestellt. Ziel ist es, einen umfassenden Überblick über das derzeitige medizinische Angebot im Internet und in den Online-Diensten zu vermitteln. Der Schwerpunkt liegt dabei eindeutig auf dem Angebot im WWW (World Wide Web) des Internet. Als angestrebtes Ergebnis soll die Fähigkeit erworben werden, die richtigen Instrumente der Informationsgewinnung im Internet sinnvoll und gezielt einzusetzen.

1.2 Voraussetzungen

Die optimale Grundausstattung zum Einstieg ins Internet mit Hilfe dieses Buches ist ein Computer, der mit einem Pentium-Prozessor, mindestens 16MB Arbeitsspeicher (RAM) und dem Betriebssystem „Windows 95/98", oder „Windows NT" ausgestattet ist. Ausgehend von dieser Konfiguration wird ein sinnvoller und kostengünstiger Zugang in Einzelschritten beschrieben. Vorausgesetzt wird ferner das Wissen, daß Dateien auf dem Computer in einer Baumstruktur von Verzeichnissen abgelegt sind und wie sie von einem Verzeichnis in ein anderes Verzeichnis kopiert werden können. Zur Installation der Zugangssoftware für Online-Dienste sollte ein CD-ROM-Laufwerk vorhanden sein.

1.3 Für wen ist das Buch gedacht?

Das Buch ist Wegweiser und Nachschlagewerk für Internet-Anfänger.

Es wendet sich an alle, die sich privat oder beruflich mit der Medizin im weitesten Sinne beschäftigen und mehr über das Internet und seine diversen Nutzungsmöglichkeiten wissen wollen. Neben dem niedergelassenen Arzt, dem niedergelassenen Zahnarzt oder Apotheker, sind besonders auch Ärzte der Forschungseinrichtungen und Studenten angesprochen.

Eine weitere Gruppe bilden Entscheidungsträger der pharmazeutischen und medizintechnischen Industrie sowie deren Berater, für die das Buch auch im Hinblick auf die Positionierung des eigenen Unternehmens oder der eigenen Produkte im Internet Hilfestellung bieten kann.

Ferner sollen alle Vertreter von Organisationen und Institutionen aus dem Medizinbereich mit einbezogen werden: Krankenkassen, Berufsverbände, Standesorganisationen, Gesundheitsämter, Ministerien, Selbsthilfegruppen, Kammern und Kommunen.

Als weitere große Zielgruppe, welche sich bereits heute intensiv mit neuen Medien beschäftigt, seien Journalisten und Medizinredakteure sowie die Vertreter der medizinischen Verlage genannt.

1.4 Wie ist das Buch aufgebaut?

Das Buch beansprucht nicht, alle Dienste und Möglichkeiten aufzuzeigen, die das Internet jemals bieten könnte. Der Aufbau richtet sich vielmehr nach dem, was sinnvoll und für den Anfänger auch innerhalb kurzer Zeit mit vergleichsweise wenig Aufwand realisierbar ist. Ein besonderer Schwerpunkt liegt daher auf der Vermittlung von Basiswissen zum Thema Internet. Neben einem geschichtlichen Überblick und der Darlegung der generellen Bedeutung, welche das Internet schon heute gewonnen hat, wird vor allem angestrebt, die Struktur und den Nutzen des Internet für den Mediziner aufzuzeigen. Sinnvolle Einstiegsmöglichkeiten werden dargestellt. Der Leser wird in Art und Funktionsweise der interessantesten und weitverbreitetsten Internet-Werkzeuge eingeweiht. Die wichtigsten Dienste wie E-Mail, FTP, Usenet, und besonders das WWW werden vorgestellt. Im Anschluß daran findet sich eine breite Palette des weltweit verfügbaren Angebots zum Thema Medizin und Gesundheit. Im Glossar sind aus Gründen der Vollständigkeit auch Bezeichnungen vermerkt, die über das hinausgehen, was für den Anfänger zunächst notwendig ist, für den fortgeschrittenen Benutzer aber sinnvoll sein könnten.

2 Das Internet

2.1 Internet: Die Philosophie

An einer Definition des Internet haben sich schon sehr viele Autoren versucht. Eine technisch-strukturelle Beschreibung des Internet ließe sich etwa wie folgt geben:

Das Internet ist ein weltweiter Zusammenschluß tausender verschiedener, eigenständiger Netzwerke, die über standardisierte Knotenpunkte miteinander kommunizieren können. Damit ist auch erklärbar, weshalb es keine Internet GmbH oder Vereinigung gibt, bei der man sich melden könnte, um das Internet zu benutzen. Das Internet besteht aus einem freiwilligen Verbund, der jedem Netzbetreiber die Wahl läßt, sich anzuschließen oder nicht. Auch Online-Dienste wie CompuServe, T-Online, AOL (America Online) sind letztendlich nur einzelne Netzbetreiber, die ihr firmeneigenes Netz über eine „Datenbrücke" mit dem Internet verbunden haben. Es wäre daher falsch, einen Online-Dienst mit dem Internet gleichzusetzen, da jeder Online-Dienst nur einen winzigen Teil des Internet ausmacht. Wer sich als Netzbetreiber dazu entschließt, Teil des Internet zu werden, stellt in gewissem Umfang die Rechenleistung und Kapazitäten seines eigenen Netzwerkes zur allgemeinen Nutzung zur Verfügung.

Dieser Ansatz ist allerdings nur für Personen verständlich, die sich schon näher mit der Thematik des Internet beschäftigt haben. In diesem Buch soll das Internet auch im Hinblick auf übergeordnete Aspekte beschrieben werden. Das Internet in seiner Unfaßbarkeit für den Einzelnen wird zum anarchischen Instrument – zu einer eigenen Philosophie. Die Realisierung der weltweiten Vernetzung von Computersystemen hat zur Folge, daß selbst vom entferntesten Punkt der Erde sämtliche dort vorhandenen Daten in wenigen Sekunden an allen anderen Orten verfügbar gemacht werden können. So ist es erstmalig in der Geschichte der Menschheit möglich, daß jeder, der Zugang zu diesem System besitzt, gleichsam Zugriff auf einen Großteil allen menschlichen Wissens hat. Wer jedoch nicht zu den Privilegierten eines Informationszugangs gehört, wird in den nächsten Jahren einen entscheidenden Informationsnachteil erleben. Das System wird immer weiter ausgebaut und verfeinert, stellt aber schon heute eine Revolution dar, die weit über das hinausgeht, was einst durch die Erfindung des Buchdrucks bewegt wurde. Denn nicht nur die Verbreitung der Information, sondern auch das gezielte, weltweite Suchen bestimmter Daten wird praktikabel. Die Problematik, die sich dabei allerdings ergibt, liegt in der Datenmenge, die tagtäglich produziert wird. Nur wenn es gelingt, die Datenflut in höhere Organisationsstufen zu bringen, ist sie letztendlich nutzbar. Ein sehr interessantes Modell von Dr. T. Peisl verdeutlicht dies:

Abb. 2.1: Abhängigkeit des Nutzens von Daten vom Grad der Aufbereitung bzw. Organisation

Aus den reinen Daten entsteht in einem höheren Selektionsgrad Information. Aus der Information kann Wissen entstehen. Aber nur wenn Wissen in einer weiteren Stufe zu Aktion führt, sind Daten letztendlich nutzbringend. Durch dieses Modell wird sehr klar verdeutlicht, welchen entscheidenden Stellenwert die Aufbereitung von Daten zu Information in der Zukunft haben wird. Diese große Aufgabe haben sich die Internet- und Online-Dienste gestellt. Es soll aber nicht verschwiegen werden, welche Gefahren sich aus einer derartigen Aufbereitung und Kanalisation von Daten ergeben können. Denn wer in der Zukunft Herr über einen Großteil wichtiger Datenbestände werden kann, wird zugleich Herr über die Information und das daraus entstehende Wissen. Der Kampf um die Archive und Datenbestände unserer Erde hat bereits mit aller Heftigkeit begonnen.

2.2 Geschichte

Wie so vieles, verdankt die Menschheit auch die Grundidee des Internet der militärischen Forschung. Es war bekannt, daß in geringer Höhe gezündete Atomsprengköpfe Computer und elektronische Bauteile einer ganzen Region in ihrer Funktion massiv beeinträchtigen können. Daher gab das amerikanische Verteidigungsministerium Ende der 60er Jahre den Auftrag, nach Wegen zu suchen, wie elektronische Kommunikation auch während und nach einem Atomschlag gesichert werden können.

Unter dem Namen „Advanced Research Projects Agency (ARPA)" wurde so im Jahre 1969 das ARPAnet ins Leben gerufen.

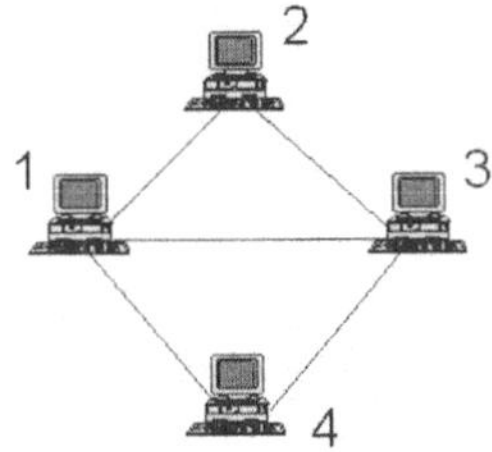

Abb. 2.2

Ziel des Projekts war es, daß Datenblöcke, die der Fernsteuerung von Computern dienen, bei Ausfall sich einzelner Leitungen ihren eigenständigen Weg durch die Datennetze zum jeweiligen Zielcomputer bahnen können. Wenn also eine Nachricht vom Rechner 1 zum Rechner 2 transportiert werden soll, die direkte Leitung aber nicht mehr funktioniert, kann Rechner 2 auch über die Wege 1-3-2 oder 1-4-3-2 erreicht werden.

Voraussetzung hierfür ist, daß jedes versandte Datenpaket die Zieladresse (in diesem Fall Adresse 2) kennt. Dieses als „Dynamic Rerouting" bezeichnete Konzept legte gewissermaßen den Grundstein für den heutigen, weltweiten Datenaustausch im Internet.

Große Datenblöcke werden in kleine „Datenpakete" zerlegt. Jedes Datenpaket wird mit einer Adresse versehen und losgeschickt. Am Ziel werden die Pakete, die hier über die verschiedensten Wege eintreffen, wieder zusammengefügt.

Schon bald wurde es möglich, auch Mitteilungen auf diesem Wege zu versenden. Electronic Mail (E-Mail) war geboren. Das neue Netz war nun nicht mehr ausschließlich für Militärs, sondern auch für staatliche Stellen und Forschungseinrichtungen interessant.

Weiterentwicklung des ARPAnet

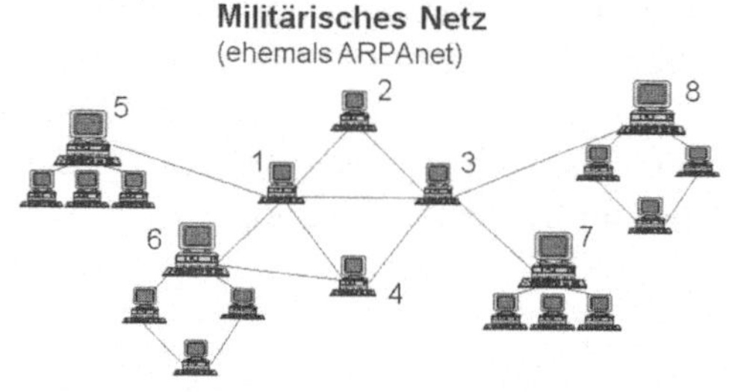

Abb. 2.3

Zahlreiche bereits existierende Netze der Regierung (5,6) und der Universitäten bzw. Forschungseinrichtungen (7, 8) wurden jetzt mit dem entstehenden neuen Netz verbunden. Auf diese Weise war es möglich, z.B. eine Nachricht von einem Regierungsrechner (5) unter Nutzung des militärischen Netzes an eine Universität zu schicken. Auch hierfür waren wieder mehrere Wege denkbar (5-1-3-7; 5-1-2-3-7; 5-1-4-3-7; 5-1-6-4-3-7).

Um bestehende Computernetzwerke in den neuen Verband aufnehmen zu können, mußten die kommunizierenden Computer über eine einheitliche elektronische Sprache verfügen.
Dies wurde durch ein „Protokoll" erreicht: das sog. „Internet Protocol" (IP). In Verbindung mit dem „Transmission Control Protocol" (TCP),

das die Funktion des IP überwacht, wurde TCP/IP zum Standard für die Kommunikation im Internet. Das TCP/IP Protokoll ist ein Softwarepaket, das die Grundregeln des Datenaustausches zweier Computer festlegt.

Die Anziehungskraft des Internet wuchs im folgenden weiter an, so daß auch kommerzielle Netzbetreiber und verschiedene andere Organisationen daran interessiert waren, ihre lokalen Computernetze über das gemeinsame Internet zugänglich zu machen. Somit wird verständlich, weshalb das Internet keinen einzelnen Eigentümer hat. Das Internet ist ein Zusammenschluß vieler eigenständiger Netzwerke.

Anfängliche Struktur des Internet

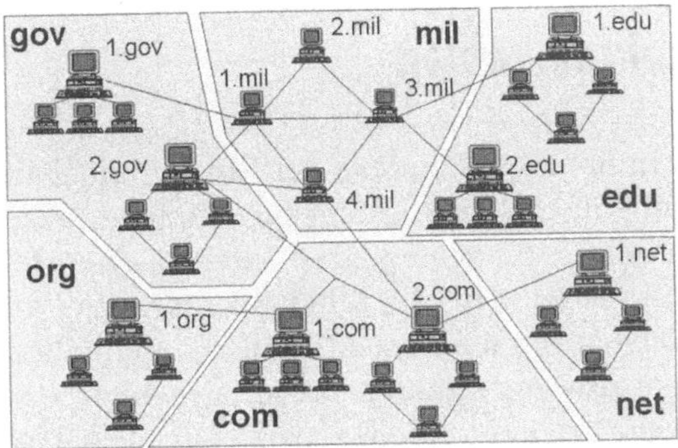

Abb. 2.4

Durch die immer größer werdende Anzahl an vernetzten Computern mußte ein Adressierungssystem geschaffen werden. Dazu faßte man die einzelnen Netzwerke nach Oberbegriffen zusammen. Alle militärischen Netze ordnete man unter die Gruppe „mil" (military), staatliche Stellen unter „gov" (government), Universitäten und Forschungseinrichtungen in „edu" (education), kommerzielle Anbieter wie z.B. die Online-Dienste CompuServe oder AOL unter „com" (commercial), Netzbetreiber unter „net" (networks) und alle sonstigen Organisationen unter „org" (organisations). Alle Adressen wurden im Network Information Center „InterNIC" – der einzigen Zentralstelle des Internet – verwaltet. Um die Adresse eines bestimmten Internet-Computers herauszufinden, fragte der suchende Rechner beim Rechner des InterNIC an. Später ersetzte man dieses System durch das „Domain Name System" (DNS, siehe auch Kap. 2.7).

Immer neue, schnellere und genauere Kommunikations- und Such-
programme wurden entwickelt. Bald war das Internet aus der weltweiten
Forscherszene nicht mehr wegzudenken.

Mit der Entwicklung des WWW (World Wide Web) begann 1991 end-
gültig der Siegeszug des Internet. Jetzt war es auch für den Laien möglich,
ohne Programmiersprachen erlernen zu müssen, sich weltweit von Server
zu Server, von Information zu Information zu bewegen. Seit 1991 steigt die
Nutzerzahl des Internet exponentiell an und wächst mit einer Geschwindigkeit von bis zu 1% täglich. Das Internet stellt bereits heute die größte
Revolution seit der Erfindung des Buchdrucks dar.

2.3 Verbreitung/Teilnehmerzahlen

Das Internet ist momentan in über 160 Ländern der Erde erreichbar.
Davon haben ca. 60 Länder uneingeschränkten Internet-Zugang sowie
Nutzungsmöglichkeiten für sämtliche verfügbaren Internet-Dienste,
die restlichen haben aber alle zumindest die Möglichkeit, E-Mail zu
versenden. Schätzungen sprechen von über 180 Millionen potentiellen
Internet-Anwendern. Genaue Anwenderzahlen lassen sich nicht bestimmen, da sich häufig mehrere Personen einen Internet-Zugang teilen.

Für die Jahrtausendwende wird eine Nutzerzahl von über 200 Millionen
erwartet.

Auch in Deutschland hat der Run auf das Internet begonnen. Besonders im Freizeit- und Gesundheitsbereich herrscht bereits lebhafter
Datenverkehr, auch in deutscher Sprache. So besitzt nahezu jede
medizinische Fakultät in Deutschland einen eigenen Internet-Server.
Studenten aller Fachrichtungen haben über die Universitäts-Rechen-
zentren fast an jeder Universität kostenfreien Zugriff auf das Internet.
Zugleich interessieren sich zunehmend auch niedergelassene Ärzte,
Zahnärzte, Apotheker und Unternehmen aus der Medizin- und Dental-
branche für die neue Art der Kommunikation.

2.4 Bedeutung des Internet

Wie sehr sich das Internet und sämtliche Online-Medien auf dem Vormarsch befinden, läßt sich täglich in allen Zeitschriften und Nachrichten mitverfolgen. Nicht nur der enorme Zuwachs an Teilnehmerzahlen, sondern auch die Verschiebung des Durchschnittsalters über die Grenze von 35 Jahren unterstreichen den deutlichen Trend, dem zufolge auch professionelle Gruppen das Internet nutzen. Die Anwendung im Forschungsbereich und an den Universitäten nimmt angesichts der hohen Nutzerzahlen aus dem Privat- und Unternehmensbereich prozentual immer stärker ab.

Derzeit hat die Bedeutung des Internet jedoch auf vielen Gebieten noch nicht diejenige der Printmedien erreicht. Dies ist auch der Grund, weshalb Sie das vorliegende Werk nicht über einen der Online-Dienste oder eine der Internet-Datenbanken erhalten haben. Dennoch gibt es kaum mehr Verlage oder Redaktionen, die nicht bereits „online" erreichbar sind.

In allen gesellschaftlichen Ebenen ist es an der Zeit, sich mit der Thematik des Internet auseinanderzusetzen.

Die gesellschaftspolitischen und rechtlichen Folgen einer weltweiten Vernetzung sind dabei keineswegs zu unterschätzen. Die Gesetzgebung kann mit der rasanten Entwicklung auf den Online-Netzen nicht Schritt halten. So können z.B. Informationen, die in Deutschland nicht ohne weiteres zugänglich sind, über Server im Ausland in Sekundenschnelle erreicht werden. Auch medizinische Standesorganisationen und Verbände sind häufig überfordert, wenn es um die Durchsetzung landesspezifischer Regelungen auf internationalen Netzwerken geht. Eine weitreichende Reglementierung allerdings läßt sich nur auf Kosten des Standorts Deutschland durchführen und ist daher abzulehnen.

2.5 Eigentumsverhältnisse

Wie schon einleitend erwähnt, gibt es für das Internet keinen einzelnen Eigentümer, da das Internet keiner Gesellschaft oder juristischen Person entspricht. Die miteinander verschalteten Netzwerke sind zwar Eigentum einzelner Institutionen oder Personen, jedes für sich ist jedoch nicht in der

Lage, das Internet aufrechtzuerhalten. Nur im Verbund und über einheitliche Protokolle wird der grenzenlose Datenaustausch möglich. Dieses System ist wohl am einfachsten mit dem Telefonnetz zu vergleichen. Auch hier werden, um z.B. Auslandstelefonate zu führen, Leitungen der verschiedensten Betreiber genutzt. Jeder Betreiber stellt einen gewissen Teil an Leitungskapazität zur Verfügung, für die er auch die Kosten übernimmt.

2.6 Struktur, Dienste

Einige grundsätzliche Informationen sind für das Verständnis der Struktur des Internet unerläßlich. Das Internet ist ein weltweites Netzwerk tausender von Netzwerken oder Einzelcomputern. Diese können vollkommen unterschiedlich aufgebaut sein. Sie können hierarchisch gegliedert sein oder beispielsweise selbst ein weltweites Firmennetz darstellen. Online-Dienste wie CompuServe, T-Online oder AOL sind nicht „das Internet", sondern eigenständige, z.T. weltweite Netzwerke, die jeweils über einen Host-Rechner mit den anderen Netzen des Internet verbunden sind.

Verschiedene Netzstrukturen im Internet

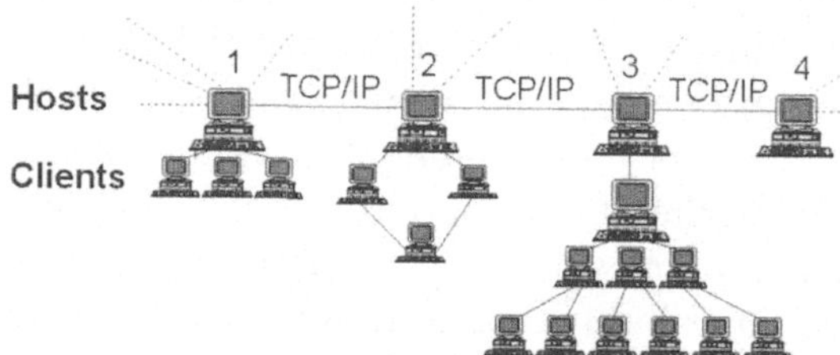

Abb. 2.5: Alle Host-Rechner sind Teil des Internet und können miteinander kommunizieren. Client-Rechner sind vom Host abhängig aber je nach Netzaufbau nicht immer vorhanden.

Entscheidend für die Zugehörigkeit zum Internet sind folgende Faktoren:

1. Es gibt mindestens einen Computer im betreffenden Netzwerk, der die physikalische Verbindung zum Internet hat und damit das gesamte lokale Netzwerk im Internet repräsentiert. Dieser Computer wird Host-Rechner oder Host genannt. Die Hosts können miteinander kommunizieren.

2. Alle Host-Rechner benutzen ein gemeinsames Datenaustauschprotokoll, d.h. eine standardisierte Vorgehensweise, um Daten austauschen zu können. Dieses Protokoll nennt man TCP/IP (siehe Kap. 3.4.1).

3. Jeder der Hosts besitzt einen weltweit eindeutigen Namen, über den er zweifelsfrei identifizierbar und von jedem anderen Host erreichbar ist.

4. Ist ein Host-Rechner nicht direkt mit einem anderen Host verbunden, können dazwischenliegende Hosts als sog. Router benutzt werden. Router leiten die Informationen lediglich weiter und sorgen für einen reibungslosen Datenaustausch. Im Prinzip ist also jeder Host auch ein Router.

Host-Namen enden z.B. mit „.com", wenn es sich um einen kommerziellen amerikanischen Host handelt, oder auf „.de", wenn es sich um einen deutschen Host handelt.

Beispiele für die Bezeichnung der Hosts sind etwa: CompuServe.com, Bayern.de, t-online.de, Spiegel.de, Aol.com (genaueres im nächsten Abschnitt). Alle im Internet verwendeten Host-Rechnernamen können automatisch von jedem anderen Host-Rechner ermittelt werden. Auf diese Art und Weise ist jeder Host im Internet blitzschnell erreichbar. Dafür sorgt ein ausgeklügeltes System, welches sich Domain Name System (DNS) nennt. Die Funktionsweise des DNS wird im folgenden unter Kap. 2.7 beschrieben.

Hinter dem Namen kann sich ein einzelner Rechner (4) oder aber ein ganzes Rechnernetzwerk (1, 2, 3) mit vielen „Clients" (vom Host abhängigen oder untergeordneten Rechnern) verbergen. Entscheidend ist, daß nur der Host den Zugang zum Internet hat. Einen derartigen Zugang nennt man „Gate" oder Internet-Gate. Über das Internet-Gate des Hosts haben auch die Benutzer der Clients des jeweiligen Hosts die Möglichkeit, ins Internet zu gelangen. Dies setzt allerdings die Zustimmung des Hosts voraus. Host-Rechner von Unternehmen haben sehr häufig nicht nur die Aufgabe, Eintritt ins Internet zu verschaffen. Vielmehr findet auf dem Internet-Host auch die ganze firmeninterne Rechenleistung statt. So kommt es, daß bestimmte Dienste, die über diesen Rechner allen Internet-Benutzern kostenfrei zur Verfügung gestellt werden, wie z.B. FTP (siehe Kap. 3.4.2), nicht zu jeder Tageszeit zugänglich sind, da die Rechenleistung des Host für die eigene Firma benötigt wird. Findet der Datenaustausch zwischen den Clientrechnern einer Firma und ihrem Host auch auf Basis des TCP/IP Protokolls statt, so bezeichnet man dieses Firmennetz als Intranet.

Auch Online-Dienste sind Unternehmen, die einen Host-Rechner betreiben. So könnte z.B. der Host-Rechner Nr. 3 in Abb. 2.5 der Host eines Online-Dienstes sein. Bis vor einigen Jahren war die Struktur der Online-Dienste streng hierarchisch und lief nur auf eigenen Netzwerken ab.

Anbindung eines Onlinedienstes an das Internet

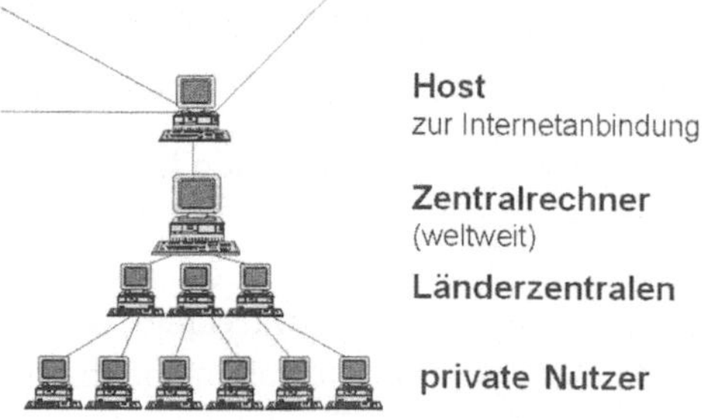

Abb. 2.6: Schematisierte Struktur der Anbindung eines Online-Dienstes ans Internet

Über nur einen einzigen Zentralrechner wurde weltweit die Anbindung des Online-Dienstes an das Internet garantiert. Aus Kostengründen und aufgrund der exponentiellen Nutzerentwicklung gibt es heute auch andere technische Lösungen, auf die hier nicht näher eingegangen werden soll, da sie keinen Einfluß auf die Handhabung des Online-Dienstes durch den Nutzer haben und nur zu Verwirrung führen würden. Zusammenfassend bleibt zu sagen, daß alle Online-Dienst-Betreiber ihren Kunden den Zugriff auf das Internet sowie das Empfangen von E-Mail aus dem Internet ermöglichen. Der Host-Rechner des Online-Dienstes kann also als eine der Möglichkeiten betrachtet werden, ins Internet zu gelangen. Im Internet selbst wird jeder Online-Dienst nur noch wie ein einziger Host-Rechner behandelt.

Im Internet gibt es dann verschiedene Dienste, auf die später noch näher eingegangen wird.

2.7 Adreßaufbau, Adreßvergabe

Domain. Domain ist die Bezeichnung für den Namen eines Rechners. Die namentliche Bezeichnung für einen Rechner mit Hilfe einer Domain entstand, da es für Menschen viel einfacher ist, sich Worte anstelle langer Zahlenketten zu merken. Jeder Domain ist dennoch eine Zahl zugeordnet, die man IP-Adresse nennt. Die IP-Adresse ist die eigentliche Computerkennung für den jeweiligen Rechner. Diese Adresse kann zwar sehr gut vom Computer verwertet werden, wäre aber für den Menschen auch in der einfacheren Hexadezimalform unzumutbar.

Die Verwaltung der Domains wird von der einzigen Zentralstelle des Internet, dem sog. InterNIC durchgeführt. Diese Stelle, mit Dependancen in jedem Land, vergibt und verwaltet die Top-Level-Domains.

Es gibt zwei Sorten von Domains: Top-Level-Domains und Sub-Domains. Über die Domain ist jeder einzelne Rechner weltweit zu identifizieren.

Alle Domain-Bezeichnungen sind jeweils durch Punkte voneinander getrennt. Beispiele für Domains sind:

whitehouse.gov
CompuServe.com
vh.radiology.uiowa.edu
medizin.de
med.uni-muenchen.de

Wie der Name schon sagt, bezeichnet die Top-Level-Domain die oberste oder höchstrangige Domain innerhalb einer bestimmten Gruppe von Computern. Die Top-Level-Domain steht immer rechts am Ende der Domain-Adresse. Sub-Domains schließen sich mit absteigendem Rang nach links an. Im ersten Beispiel heißt also die Top-Level-Domain „.gov" und die erste Sub-Domain „whitehouse". Dies bedeutet, daß die Sub-Domain „whitehouse" eine Teilmenge der unter der Top-Level-Domain „.gov" befindlichen Computer darstellt. Denn jede Top-Level-Domain kann beliebig viele Sub-Domains haben. Auch die Sub-Domain kann wieder weitere Sub-Domains umfassen.

Als das Internet noch sehr klein war, gab es in den USA sechs Top-Level-Domains, die die einzelnen Bereiche des Netzes abdeckten:

.mil   für militärische Einrichtungen
.gov   für staatliche Institutionen
.edu   für Universitäten, Schulen und Ausbildungsstätten
.com   für kommerzielle Anwender
.net   für Netzwerke
.org   für sonstige Organisationen

Alle Domains wurden von einem einzigen Zentralrechner verwaltet. Wollte man die Adresse eines bestimmten Rechners herausfinden, so mußte der Zentralrechner angesteuert und befragt werden. Diese Lösung war schon bald wegen der Überlastung des Zentralrechners nicht mehr anwendbar und wurde durch das hierarchisch gegliederte DNS (Domain Name System; siehe unten) ersetzt.

Wie die Beispiele zeigen, sind die „ursprünglichen" Top-Level-Domains durchaus noch in Benutzung. Allerdings findet man sie aus dem oben genannten Grund sehr häufig in den USA. In den Ländern, in welchen das Internet noch jünger ist, werden für alle Internet-Host-Rechner des jeweiligen Landes Länderkürzel als Top-Level-Domains verwendet.

So hat jede Nation ihre „eigene" Top-Level-Domain. In der folgenden Grafik sind einige der gängigen Top-Level-Domains aufgeführt.

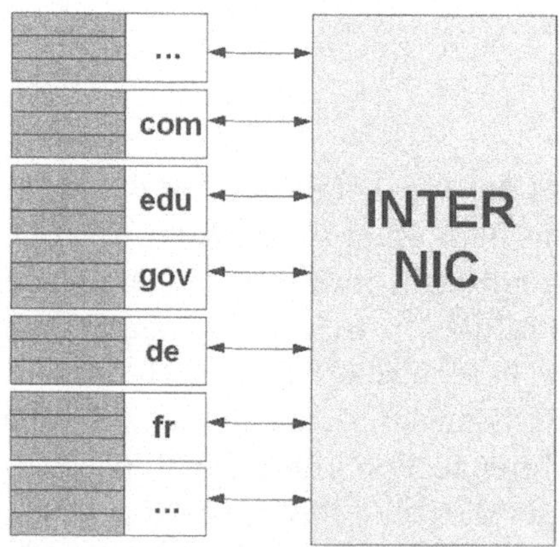

Abb. 2.7: Die Top-Level-Domains

Die Länderkürzel bestehen aus zwei Buchstaben. Für deutsche Server lautet die Top-Level-Domain: „.de", in Frankreich lautet sie „.fr", in England „.uk" usw.

Antarktis	.aq	Hongkong	.hk
Argentinien	.ar	Indien	.in
Australien	.au	Irland	.ie
Belgien	.be	Island	.is
Brasilien	.br	Israel	.il
Bulgarien	.bg	Italien	.it
Chile	.cl	Japan	.jp
China	.cn	Kanada	.ca
Costa Rica	.cr	Korea	.kr
Dänemark	.dk	Kroatien	.hr
Deutschland	.de	Kuwait	.kw
Ecuador	.ec	Lettland	.lv
England	.uk	Luxemburg	.lu
Estland	.ee	Malaysia	.my
Finnland	.fi	Mexiko	.mx
Frankreich	.fr	Neuseeland	.nz
Griechenland	.gr	Niederlande	.nl
Grönland	.gl	Norwegen	.no
Österreich	.at	Taiwan	.tw
Polen	.pl	Thailand	.th
Portugal	.pt	Tschech.R.	.cz
Puerto Rico	.pr	Tunesien	.tn
Rußland	.ru	Türkei	.tr
Schweden	.se	Ungarn	.hu
Schweiz	.ch	USA	.us
Singapur	.sg	Vatikan	.va
Slowenien	.si	Venezuela	.ve
Spanien	.es	Zypern	.cy
Südafrika	.za		

Anfang 1997 haben sich die United States National Science Foundation und Network Solutions auf die Einführung von sieben neuen Top-Level-Domains verständigt, die wie folgt benannt werden:

.firm
.store
.web
.arts
.rec
.info
.nom

Mittels der hierarchischen Struktur lassen sich bestimmte Rechner sehr leicht auffinden.

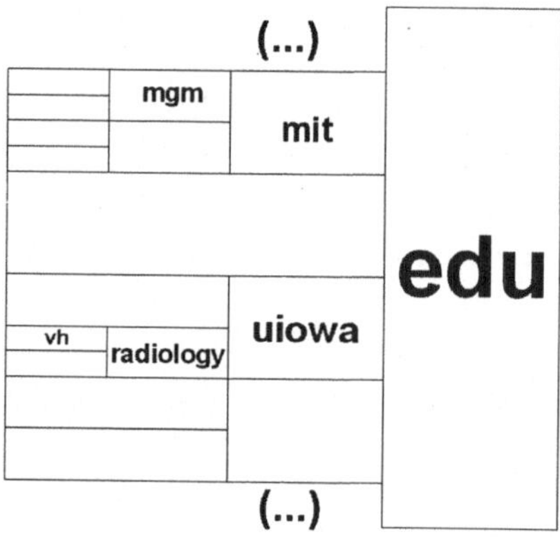

Abb. 2.8

Beispiel 1:
Gesucht wird der Rechner vh in der radiologischen Abteilung der Universität von Iowa.

Über die Top-Level-Domain „.edu" und die erste Sub-Domain „.uiowa" gelangt man zur „.radiology" und findet dort den Rechner „vh" (übrigens die Adresse des berühmten Virtual Hospital).

Beispiel 2:
Gesucht wird der Rechner mit der Adresse „Medizin" in Deutschland. Über die deutsche Top-Level-Domain „.de" gelangt man direkt zu „medizin". Die zusammengesetzte Adresse lautet dann „medizin.de". Gleiches gilt für Dental, Apotheke usw. (siehe Abb. 2.9).

DNS (Domain Name System). Die jeweiligen Betreiber oder Verwalter einer Top-Level-Domain sind dafür zuständig, daß niemals zwei gleiche Sub-Domains vergeben werden. So läßt sich eine eindeutige Zuordnung gewährleisten. Will man von außerhalb Deutschlands auf einen deutschen Internetrechner zugreifen, so wird zunächst der Rechner mit der Top-Level-Domain „.de" angesteuert. Dort sind nun sämtliche Sub-Domains registriert, die in Deutschland vorhanden sind und daher die Endung „.de" der Top-Level-Domain beinhalten. In der Grafik werden aus Platzgründen nur vier von vielen Tausend in Deutschland bereits registrierten Domains dargestellt.

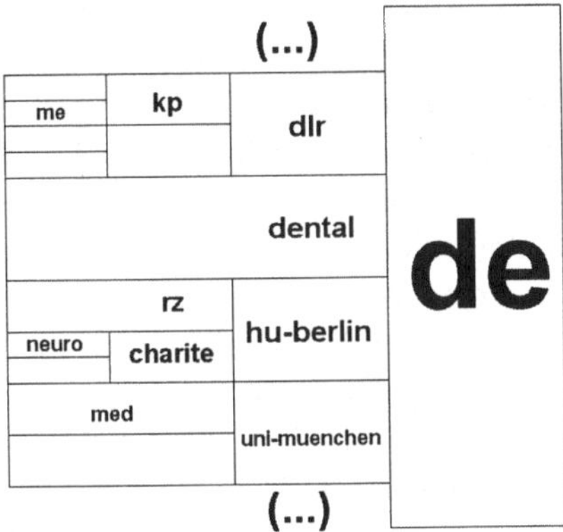

Abb. 2.9

Im Verzeichnis des deutschen „.de"-Servers findet man nun die gewünschte Sub-Domain (z.B. „.uni-muenchen"). Zusammen mit der Sub-Domain wird dem anfragenden Rechner nun automatisch auch die entsprechende IP-Adresse der uni-muenchen übergeben. Bei der IP-Adresse handelt es sich um den für einen Computer verständlichen Zahlencode. Mit Hilfe dieses Adreß-Zahlencodes kann ein Rechner sich bei einem anderen automatisch einwählen. Für die Sub-Domain mit der Bezeichnung „.med" ist nun der Host (Server, Internet-Rechner) der Universität München („uni-muenchen.de") zuständig und verantwortlich. Hier findet sich ein komplettes Verzeichnis aller von der Universität München vergebenen Sub-Domains und der zugehörigen IP-Adressen. Also nicht nur der Bereich „.med", sondern auch eine unbegrenzte

Anzahl beliebiger anderer Sub-Domains können hier von der Universität München zugelassen werden. Der Verwalter der Top-Level-Domain „.de" hat darauf keinen Einfluß mehr. Er muß lediglich gewährleisten, daß unmittelbar unter „.de" nicht zweimal dieselbe Sub-Domain auftritt. Genauso muß in der nächstniedrigeren Hierarchiestufe der Betreiber von „.uni-muenchen" darauf achten, daß „.med" nicht zweimal vergeben wird. Dieses hierarchisch gegliederte System wird DNS oder „Domain Name Service" genannt. Es ermöglicht den schnellen Zugriff auf jeden am Internet angeschlossenen Rechner, ganz gleich, an welchem Ort der Erde er sich befindet.

Die Struktur der Namensgebung im Internet verdeutlicht auch, weshalb in vielen Ländern ein regelrechter Run auf die Domain-Namen eingesetzt hat. Viele Firmen und darüber hinaus zahllose Privatpersonen hätten gerne für ihren Internet-Rechner eine Adreßbezeichnung, die sich mit dem eigenen oder dem Firmennamen deckt. Welche Rangeleien entstehen, wenn der Name landesweit immer nur einmal verfügbar ist, kann man sich leicht vorstellen. Die Benutzer von Online-Diensten müssen sich diesem Kampf allerdings nicht anschließen, da sie ihre Internet- und E-Mail-Adressen vom jeweiligen Online-Dienst-Betreiber bekommen und der Domain-Name des jeweiligen Online-Dienstes immer in der Benutzeradresse enthalten ist. Beispiel für eine E-Mail-Adresse des Online-Dienstes T-Online (siehe auch E-Mail 3.4.2): 089555555@t-online.de

Hat man als Firma einmal einen passenden Domain-Namen, so lassen sich damit die verschiedensten Internet-Dienste (s. 3.4.2.) nutzen und v.a. auch anbieten. So ist es möglich, ein firmeneigenes Online-Angebot im Internet darzustellen.

Adreßvergabe. Der „normale" Internet-Benutzer erhält seine Adresse über die Anmeldung bei einem Provider oder Online-Dienst automatisch mitgeteilt. Diese Adressen sind persönliche Benutzeradressen und entsprechen dann einem Postfach auf dem Zentralrechner des Providers oder Online-Dienstes. Sie enthalten daher einerseits die persönliche Postfachnummer des Nutzers und andererseits, getrennt durch das @-Zeichen am Ende, zwingend auch den Host-Namen des Online-Dienstes. Der Host-Name des Online-Dienstes ist der Name desjenigen Rechners, der den Online-Dienst im Internet repräsentiert (siehe auch Kap. 2.6 Struktur). Beispiel: 1000.0000@compuserve.com

Das hier angeführte Beispiel bezeichnet eine E-Mail-Adresse beim Online-Dienst CompuServe und gehört dem Nutzer mit der Nutzernummer 1000.0000.

Für Firmen oder Institutionen kann es jedoch eventuell interessant sein, eine „eigene", vom Provider unabhängige Adresse anzustreben. Zum Erhalt einer Sub-Domain unmittelbar unter der deutschen Top-Level-Domain „.de" wendet man sich am besten auch an einen Provider. Dieser kann bei der für Deutschland zuständigen Zentralstelle, dem DE-NIC (Network Information Center Deutschland) nachfragen, ob die gewünschte Sub-Domain noch verfügbar ist. Das DE-NIC verwaltet im Sinne des DNS alle Domain-Namen mit der Endung „.de". Nachdem eine Reservierungsgebühr entrichtet wurde, kann die Domain beim eigenen Provider eingetragen werden. Bei der Eintragung sollte man darauf achten, daß die Domain auf den Namen der Firma und nicht auf den Namen des Providers registriert wird. Ansonsten kann ein Wechsel des Providers unter Umständen sehr schwierig werden. Für die unter der eigenen Domain vergebenen Sub-Domains ist im Sinne des DNS (siehe oben) der jeweilige Domainbesitzer zuständig. Will man also ebenfalls Sub-Domains innerhalb der eigenen Domain zulassen bzw. an Interessenten vergeben, ist man verpflichtet, einen sog. Domain Name Server einzurichten. Dieser Rechner verwaltet dann wiederum alle Sub-Sub-Domains. Somit können dann auch die selbst vergebenen Sub-Domains von jedem anderen Internet-Teilnehmer über den eigenen Domain Name Server aufgefunden werden. Wenn man eine Sub-Domain unter einer der bereits bestehenden Domains installieren möchte, setzt man sich einfach mit dem jeweiligen Betreiber der Domain in Verbindung. Unter der Adresse „medizin.de", „dental.de" oder „apotheke.de" ist es beispielsweise möglich, die eigenen WWW-Seiten dann mit einer speziellen Sub-Domain zu betreiben. Eine derartige Sub-Domain könnte etwa wie folgt aussehen: „firma.dental.de". Diese Sub-Domains können selbstverständlich zugleich als E-Mail-Adressen verwendet werden. Auf die Besonderheiten von E-Mail-Adressen oder WWW-Adressen des World Wide Web wird in den jeweiligen Kapiteln noch näher eingegangen.

2.8 Unterschied Provider – Online-Dienst

Für Privatpersonen gibt es, neben den Zugängen über die Universität und verschiedenen Vereine (siehe Kap. 4.3.3), grundsätzlich zwei interessante Möglichkeiten, in das Internet zu gelangen: über Provider oder über Online-Dienste. Die Unterschiede zwischen Providern und Online-Diensten beginnen allerdings zu zerfließen, da sich heute alle Online-Dienste immer stärker auch als Internet-Provider betätigen.

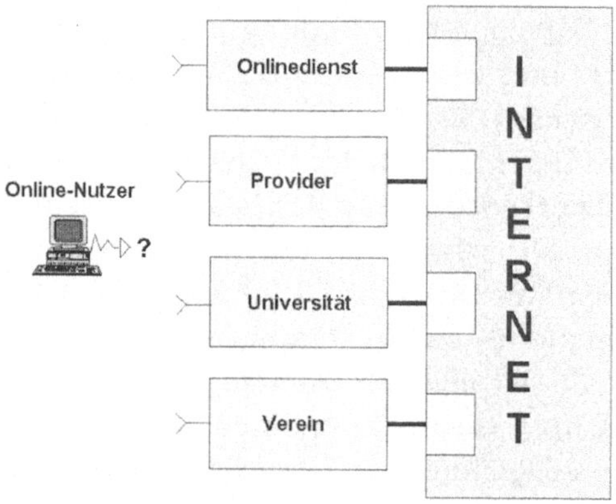

Abb. 2.10: Mögliche Internet-Zugänge

Diese Tatsache kann zu Verständnisschwierigkeiten führen, denn häufig werden Internet oder sogar einzelne Internet-Dienste mit einem der Online-Dienste gleichgesetzt.

Um die Zusammenhänge verstehen zu können, ist es daher notwendig, die Entwicklung und grundsätzliche Ausrichtung der Online-Dienste und Provider zu kennen.

Der Grundgedanke jedes Online-Dienstes ist es, einen eigenen Informationsservice aufzubauen und seinen Kunden gegen Bezahlung zur Verfügung zu stellen. Dazu verwendet der Online-Dienst ein eigenes Computernetzwerk, auf welches ausschließlich die registrierten Kunden des Online-Dienstes Zugriff haben.

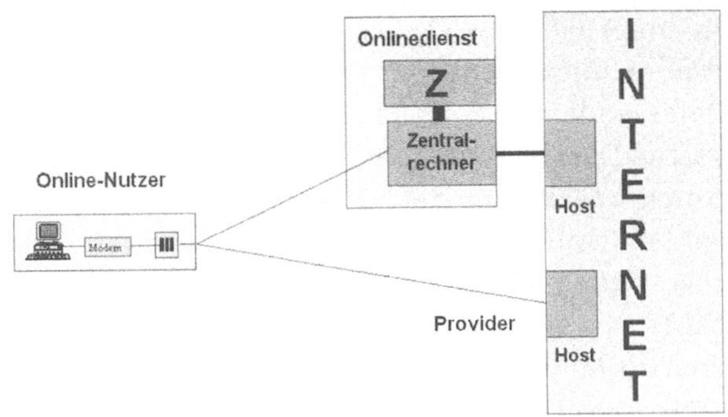

Abb. 2.11: Ein Online-Dienst bietet im Gegensatz zum Provider ein Zusatzangebot (Z) auf dem eigenen Netzwerk

Die Ausdehnung eines Gebiets, in dem Kunden Zugang zu einem Online-Dienst finden, ist unterschiedlich groß und hängt von der Anzahl der Orte ab, an dem der Online-Dienst sog. „Modem-Einwahlknoten" betreibt. Nur sie ermöglichen es, einen Online-Dienst zu Telefon-Ortstarifen zu erreichen (siehe auch Kap. 4.3). Manche Online-Dienste bieten ihre Einwahlknoten weltweit an, wie z.B. CompuServe oder AOL (America Online). Andere dagegen beschränken sich vornehmlich auf bestimmte Länder, wie T-Online, ein Dienst der bis Mitte 1999 nur in Deutschland verfügbar war. Über die genannten Einwahlknoten gewährt der Online-Dienst seinen Kunden Zugriff auf den eigenen Zentral-computer. Im Zentralcomputer kann der Kunde nun das spezifische Angebot des Online-Dienstes nutzen. Dieses besteht aus Datenbanken, Informationsdiensten, Diskussionsforen usw., findet ausschließlich auf den Rechnern des Online-Dienstes statt und hat mit dem Internet keinen Kontakt (siehe Abb. 2.11 oben). So bietet der Online-Dienst einen Service, der sich bildlich etwa mit einem Cluburlaub vergleichen läßt, da er in geschlossenen Bereichen stattfindet und nur gebuchten Mitgliedern zur Verfügung steht. Jeder Online-Dienst hat eine individuelle Ausrichtung, was die Inhalte der gebotenen Informationen angeht. Ein Online-Dienst bietet z.B. vornehmlich Informationen für professionelle Nutzer, während ein anderer eher Freizeitangebote im Programm hat. Dadurch, daß der Online-Dienst primär ein geschlossenes System darstellt, das auf proprietären Netzen abläuft, ist auch eine höhere Datensicherheit als im Internet möglich. Außerdem lassen sich Leistungen innerhalb des Online-Dienstes derzeit noch besser als im Internet abrechnen, denn der Online-Dienst-Betreiber behält jederzeit eine umfassende Kontrolle über die Bewegungen seiner Kunden im eigenen System. Dies bedeutet aber andererseits, daß man, wenn man Informationen aus einem der Online-Dienste benötigt, Klient des entsprechenden Online-Dienstes sein muß. Es ist nicht möglich, als Compuserve-Kunde das Angebot von T-Online oder AOL zu nutzen bzw. umgekehrt.

Schon sehr früh haben die Online-Dienste erkannt, daß den Kunden zumindest ein Austausch von elektronischer Post (E-Mail) zwischen den Diensten ermöglicht werden sollte. Denn auch der Cluburlauber möchte gelegentlich telefonieren oder Postkarten verschicken. Aus diesem Grund wurde schon vor einigen Jahren neben der internen E-Mail-Funktion, mit Hilfe derer man die anderen Teilnehmer desselben Online-Dienstes erreichen konnte, zusätzlich eine externe Verbindung zum Internet geschaffen. Sie ermöglicht, E-Mail direkt aus dem Online-Dienst ins Internet zu verschicken bzw. aus dem Internet zu empfangen.

Parallel dazu entwickelte sich das Internet selbst mit so rasanter Geschwindigkeit weiter, daß das Informationsangebot dort nicht nur größer, sondern zunehmend auch einfacher zugänglich wurde. Software-Entwicklungen wie „Gopher" oder das neuere „WWW" (siehe Kap. 3.4.2) trugen zusätzlich zu den exponentiell verlaufenden Anwender- und Anbieterzahlen im Internet bei. Durch geeignete Programme, beispielsweise den sog. WWW-Browser (siehe Kap. 5) ist es nicht mehr nötig, komplizierte UNIX-Befehle zur Nutzung des Internet zu erlernen. So findet nun selbst der Computerlaie einen unkomplizierten Einstieg ins Internet.

Dies war die Stunde der Provider. Internet-Provider offerieren neben dem reinen Zugriff auf das Internet primär keine Spezialdienste. Provider bieten somit ein Angebot für den Individualtouristen, um im oben verwendeten Bild zu bleiben. Die Host-Rechner der Provider waren und sind Teil des Internet (siehe Abb. 2.11 unten). Fast alle Leistungen, welche die Provider auf ihren Host-Rechnern anbieten, sind theoretisch auch vom Internet aus abrufbar. Provider bieten also die direkte Verbindung zum Internet.

Schon im Jahr 1995, also vier Jahre nach Erfindung des World Wide Web (WWW), gaben die Online-Dienst-Betreiber dem Druck der Kunden nach und öffneten einen erweiterten Zugang zum Internet. Nun war nicht nur das Senden und Empfangen von E-Mail, sondern auch und vor allem das Surfen im WWW möglich. Das WWW entwickelte sich innerhalb dieser kurzen Zeit zum größten und interessantesten allgemein zugänglichen Datenpool. Durch die Öffnung zum Internet wurden die Online-Dienste de facto auch zu Internet-Providern. Diese Rolle war von den Diensten zunächst nicht gewünscht, denn sie fürchteten, angesichts des enormen Informationsangebotes im Internet um den Erhalt ihrer eigenen Serviceleistungen.

Heute hat jeder Online-Dienst eine Verbindung von seinem Zentralrechner zum Internet. Diese Verbindung wird Internet-Gateway oder nur Gate genannt. Das Gate stellt den Badesteg dar, der dem Clubtouristen angeboten wird, um von dort aus im Internet zu surfen. Aber nicht nur die „Surfbretter" stehen am Steg zur Verfügung, sondern auch Wasserski, Tauchausrüstung und Segelboote. So ermöglicht der moderne Online-Dienst die Nutzung nahezu aller im Internet relevanten Dienste (siehe Kap. 6), und stellt zusätzlich die passenden Software-Werkzeuge oder „Tools", wie z.B. den Internet-Browser, zur Verfügung.

Dies geht sogar so weit, daß verschiedene Online-Dienste den direkten Weg zum „Steg" ohne den Umweg über den Zentralrechner freimachen. Damit ist der Unterschied zum Provider, zumindest was das Internet angeht, aufgehoben.

Für diejenigen Kunden, die sich lange im Internet aufhalten oder „surfen" möchten, bieten die Provider häufig die kostengünstigere Variante. Allerdings ist es für den Einsteiger nach wie vor noch geringfügig komplizierter, einen Internetprovider zu nutzen. Aber auch die Unterschiede im Nutzungskomfort werden zunehmend nivelliert. Die Internet-Browser, wie der Netscape Navigator oder der Microsoft Internet Explorer (siehe Kap. 5) lassen sich multifunktionell einsetzen. So sind auch hier verschiedene Internet-Dienste wie E-Mail, FTP, Usenet und natürlich WWW mit nur einem einzigen Programm (dem Browser) zugänglich. Diese Browser werden standardmäßig auch von Online-Diensten zur Verfügung gestellt.

2.9 Zusammenfassung

Das Internet ist kein Unternehmen. Das Internet besteht aus einem Verbund verschiedenster Netzwerke, die unterschiedlichen Personen oder Unternehmen gehören.

Beliebige weitere Netzwerke können sich an das Internet anschließen. Jeder, der am Internet teilhaben will, stellt einen Teil seiner eigenen Rechenleistung der Allgemeinheit zur Verfügung.

Um Daten mit dem Internet austauschen zu können, muß mindestens ein Computer (Host, Server) des anzuschließenden Netzwerkes die „Sprache des Internet", also das TCP/IP Protokoll verstehen.

Auch Online-Dienste (wie z.B. CompuServe, T-Online, America Online AOL) haben Computer ihres weltweiten Netzwerkes an das Internet gekoppelt, die jeweils den Datenaustausch mit dem Internet möglich machen.

Der Datentransfer zwischen einem proprietären Netzwerk und dem Internet erfolgt über das „Internet-Gateway".

Im Internet bzw. auf den Host-Rechnern der einzelnen Netzwerke stehen Dienste zur Verfügung, die für jeden Internet-Benutzer zugänglich sind. Um auch die einzelnen Host-Rechner schnell ausfindig machen zu können, gibt es das hierarchisch strukturierte Namenssystem DNS (Domain Name System).

Provider bieten einen direkten Zugang zum Internet, Online-Dienste einen indirekten Zugang über ihr eigenes Netzwerk und das Internet-Gate (Abb. 2.11).

Online-Dienste eröffnen zusätzlich auch einen direkten Internet-Zugang und werden damit selbst zu Providern.

Die für Einzelpersonen sinnvollste Methode ins Internet zu gelangen, ist der Anschluß des eigenen Computers an einen Online-Dienst oder Provider. Dies geschieht über die normale Telefonleitung.
Das Internet wächst immer noch exponentiell.

3 Intranet – Extranet – Internet2

3.1 Intranet

Ein firmeninternes Computernetzwerk, welches auf der Basis von Internet-Protokollen (s. Kapitel 4.3) funktioniert, wird als INTRANET bezeichnet. Das Intranet ist demnach nichts anderes als die proprietäre, also firmeneigene Form des Internet. Der Siegeszug des Intranet begann etwa 1995 als man feststellte, wie effektiv und erfolgreich sich die Kommunikationsstruktur des Internet auf Basis des TCP/IP-Protokolls weltweit durchgesetzt hatte. Es lag nahe, eine derartige Kommunikationsstruktur auch für die interne Unternehmenskommunikation zu überdenken. Durch die Einführung von Internet-Protokollen im eigenen Unternehmen können die Vorteile des Internet auch hier nutzbar gemacht werden. Die Angestellten eines Unternehmens müssen lediglich die Bedienung eines Browsers (s. Kapitel 5) erlernen, um die gesamte unternehmensinterne Kommunikation wie auch den Datenaustausch über das Internet bewältigen zu können. Denn viele Intranets sind über sog. Firewalls auch mit dem Internet verbunden, so daß ein Datenaustausch mit dem Internet und damit wiederum mit anderen Intranets möglich ist. Der größte Vorteil liegt darin, daß die zu bearbeitenden Dateien über einheitliche Befehle versandt werden und von jedem Intra- bzw. Internet-Benutzer gelesen werden können. Hierbei spielt selbstverständlich der Datenschutz eine sehr große Rolle. Die sogenannten Firewalls trennen das Intranet vom Internet. Sie sorgen für den notwendigen Datenschutz, indem sie einen illegalen Zugriff von Personen aus dem Internet auf das jeweilige Intranet verhindern.

Da wegen der gleichen Protokolle im Internet und im Intranet ein reibungsloser Datenaustausch stattfinden kann, gehen die Prognosen von einem extremen Wachstum der Intranet-Anwender aus.

Es ist nur eine Frage der Zeit, bis sich auch die Hersteller medizinischer Software auf die neuen Gegebenheiten einstellen und ihren Anwendern Intranetlösungen für die eigene Praxis anbieten werden.

3.2 Extranet

Als Extranet wird der Teil eines Unternehmensnetzes bezeichnet, über den das Unternehmen mit seinen Lieferanten und Kunden in Verbindung steht. Auch einzelne Personen können daher Teil des Extranet sein. Intranet und Extranet bilden zusammen das Unternehmensnetzwerk. Beide basieren auf dem TCP/IP Protokoll und haben Schnittstellen mit dem Internet.

3.3 Internet2

Das Internet2 oder Internet der zweiten Generation ist ein Hochgeschwindigkeitsnetzwerk, welches für den Allgemeinnutzer nicht zugänglich ist. Es dient ausschließlich Forschungszwecken und ermöglicht einen Datendurchsatz von über 150 Mbit/s.

4 Wie und wo bekommt man Zugang zum Internet?

4.1 Voraussetzungen in Hard- und Software

Generell benötigt man zum Einstieg ins Internet vorzugsweise:

1. Apple Macintosh oder PC mit dem Betriebssystem Windows 95/98 oder Windows NT
2. Kommunikationssoftware (direkt von den Online-Diensten erhältlich)
3. Hayes-kompatibles Modem oder ISDN-Karte
4. Telefonanschluß
5. Girokonto oder Kreditkarte

4.1.1 Computer

Für den effektiven Einstieg ins Internet über einen Online-Dienst oder Provider ist zumindest ein Computer mit einem Pentium- bzw. AMD-Prozessor zu empfehlen. Wer aufwendigere dreidimensionale Grafiken betrachten möchte, dem sei unbedingt ein schneller Pentium-Prozessor empfohlen. Zum Arbeitsspeicher (RAM) ist zu sagen, daß hierbei für den Einstieg 16MB RAM ausreichen, 32MB jedoch durchaus empfehlenswert sind.

4.1.2 Notebooks/Laptops

Eine sehr elegante aber vergleichsweise kostspielige Variante bieten Notebooks bzw. Laptops. Sie sind vor allem für all diejenigen interessant, die auch unterwegs und im Ausland oder auf Kongressen nicht auf die Informationen aus den Online-Diensten, auf ihre E-Mail oder auf das Internet verzichten möchten. Einige Online-Dienste bieten weltweit Einwahlknoten an. Dies ermöglicht den globalen Zugang zum eigenen E-Mail-Postfach.

Die luxuriöseste Ausstattung stellt der mit einem Mobiltelefon gekoppelte Laptop dar.

Auch für Laptops gelten die oben genannten Mindestanforderungen an Prozessor und Arbeitsspeicher.

4.1.3 Serielle Schnittstelle

Fast alle Computer besitzen mindestens drei Schnittstellen (Steckplätze): zwei serielle und eine parallele. Der Drucker ist mit der parallelen Schnittstelle verbunden. Die „serielle Schnittstelle" ist derjenige Steckplatz Ihres Computers, an welchen ein Modem zur Datenübertragung angeschlossen werden kann. Diese Schnittstelle wird in vielen Softwareprogrammen als „COM1" oder „COM2" bezeichnet. COM1 ist meist die Schnittstelle für die Maus, während COM2 für das Modem zur Verfügung steht. Sie erkennen eine serielle Schnittstelle an ihren Pins (kleinen Metallstiftchen). Meist besitzt die serielle Schnittstelle neun Pins. Ältere Computer haben manchmal noch Schnittstellen mit 25 Pins. Sollte das Modemkabel nicht zum Steckkontakt passen, sind im Fachhandel günstige Adapterkabel erhältlich.

4.1.4 Modem

Das Modem (Modulator/Demodulator) ist das notwendige Verbindungsglied zwischen dem Computer/Laptop und der Telefonleitung. Das Modem übersetzt die digitalen Computerbefehle in Tonsignale, da nur Tonsignale über die normale – analoge – Telefonleitung transportiert werden können. Beim Provider oder Online-Dienst wandelt ein weiteres Modem die analogen Tonsignale wieder in digitale Signale um, die der

Zielcomputer dann verarbeiten kann. Modems können im Computer eingebaut (interne Modems) sein, über die serielle Schnittstelle an den Computer angeschlossen (externe Modems) oder als sogenannte PCMCIA-Karte in einen dafür vorgesehenen Schacht gesteckt werden. PCMCIA-Karten, die etwa Scheckkartengröße besitzen, eignen sich besonders für portable Rechner. Sie benötigen keine eigene Stromversorgung, sondern werden wie interne Modems vom Computer mit Strom versorgt.

Das Modem bzw. die Anpassung des Modems an den eigenen Computer bedeutet für die meisten Anfänger eine relativ schwierige Hürde. Es gibt daher einige Kriterien, die beim Kauf eines Modems beachtet werden sollten.

Übertragungsgeschwindigkeit

Sollten Sie noch kein Modem besitzen, empfiehlt sich ein Standardmodem mit einer Mindestübertragungsgeschwindigkeit von 56.000 bps (Bits pro Sekunde). Der Preis für ein derartiges Modem liegt mittlerweile bei etwa DM 100.

Telekom-Zulassung

Bitte beachten sie beim Kauf eines Modems außerdem, daß es über eine Telekomzulassung vom Bundesamt für Zulassungen in der Telekommunikation (BZT) verfügen muß. Das BZT-Siegel mit dem Bundesadler ist auf jedem zugelassenen Gerät angebracht.

Hayes-Kompatibilität

Außerdem sollte darauf geachtet werden, daß das Modem dem Standard V.34 (28.800 bps), V.34+ (33.600 bps) oder V.90 (56.000 bps) entspricht und damit „Hayes"-kompatibel ist. Der Hayes-Standard, benannt nach einem bestimmten Modemhersteller, hat sich mittlerweile weitgehend durchgesetzt. So können „Verständigungsprobleme" zwischen den Computern vermieden werden. Allerdings nehmen es einige Hersteller mit dem Standard nicht so genau. Ein guter Tip ist es daher, Empfehlungen von Bekannten einzuholen, die bereits erfolgreich mit einem Modem arbeiten. Um die Anpassung des Modems an die Computersoftware zu erleichtern, empfiehlt es sich, falls man niemanden um Rat fragen kann, ein Modem zu kaufen, das in der Softwareliste der jeweiligen Anwendung enthalten ist. Das Betriebssystem Windows 9x sowie auch zahlreiche andere Programme erkennen z.B. bei der Installation des Modems den Modemtyp meist automatisch.

Faxoption. Das richtige Modem kann selbstverständlich auch dazu verwendet werden, Faxe zu versenden oder zu empfangen. Es handelt sich dabei allerdings um eine zusätzliche Nutzungsmöglichkeit, die sich zwar derselben Telefonleitung bedient, aber mit der Welt des Internet oder der Online-Dienste nichts zu tun hat. Beim Kauf sollte dennoch auf die Faxoption geachtet werden.

Voice-Option. Manche Modems erlauben, mit der sogenannten Voice-Option, den Computer wie einen Anrufbeantworter zu benutzen. Diese Funktionalität sei hier allerdings nur am Rande erwähnt, denn auch sie spielt im Hinblick auf Internet oder Online-Dienste keine Rolle.

Modem-Anschluß. Um ein externes Modem anschließen zu können, benötigt man folgende Komponenten:

1. Serielles Kabel vom Modem zur seriellen Schnittstelle des Computers
2. Kabel vom Modem zur Telefon-Buchse
3. Netzteil zur Stromversorgung

Zunächst werden Modem und Computer ausgeschaltet. Anschließend verbindet man das serielle Kabel, welches vom Modem kommt, mit der seriellen Schnittstelle des Computers. Ist das Modem-Kabel 25-polig, die Schnittstelle des Computers jedoch nur 9-polig, so sind im Fachhandel günstige Adapter erhältlich. Die Verbindung zur Telefonleitung wird durch das Telefonkabel hergestellt. Dieses wird auf der Seite des Modems mit dem Western-Stecker in die Buchse „Tel" oder „Line" gesteckt. Der TAE-Stecker wird in eine der freien Telefonanschlußbuchsen gesteckt. Sind sämtliche Buchsen bereits belegt oder ist nur eine Buchse für das Telefon vorhanden, so gibt es auch hierfür die passenden Adapter. Nachdem das Modem über das Netzteil an die Stromversorgung angeschlossen ist, kann es eingeschaltet werden. Nun läuft ein Selbsttest ab, bei dem alle LED's des Modems einmal kurz aufleuchten. Anschließend zeigt das Modem seine Betriebsbereitschaft an.

Eine PCMCIA-Modemkarte wird einfach in den vorgesehenen Schacht eingeführt und dann mit der Telefonbuchse (oder dem Mobiltelefon) verbunden. Sie erhält die Stromversorgung wie besprochen direkt vom Rechner.

Um ein internes Modem zu installieren, muß der Computer geöffnet und die Modemkarte in einen der freien Steckplätze gesteckt werden. Diese Prozedur sollte allerdings nicht vom Laien durchgeführt werden, da es bei unsachgemäßer Handhabung zu gravierenden Schäden am Computer kommen kann.

Checkliste Modem
Beim Kauf eines Analog-Modems sollte man achten auf:

1. BZT-Siegel
2. Geschwindigkeit (mindestens 28.000 bps)
3. Standard V.34+ (28.800 bps), V.42+ (33.600 bps), V.90
4. Hayes-Kompatibilität
5. Fax-Option
6. Voice-Option
7. geeignete Kabelverbindungen zum Computer (9- oder 25-polige serielle Schnittstelle, oder USB (Universal serial Bus))

4.1.5 Zugangssoftware

Um das Internet nutzen zu können, benötigen Sie außer dem Computer und einem Modem bzw. einer ISDN-Karte selbstverständlich auch Zugangssoftware. Diese Programme erhalten Sie kostenlos vom jeweiligen Online-Dienst. Sehr häufig findet sich die Zugangssoftware auch als aufgeklebte CD-ROM auf Computerzeitschriften. Wie die Installation vor sich geht, wird in Begleitschreiben der jeweiligen Dienste genau erklärt.

Mit der Zugangssoftware erhält man je nach Online-Dienst sowohl eine Kennung (Buchstabencode) als auch ein vorläufiges Paßwort, die es ermöglichen, sich beim jeweiligen Online-Dienst oder Provider „einzuloggen".

4.2 ISDN/ADSL

Die zunehmende Verbreitung von ISDN macht es auch für Online-Dienste notwendig, sich mit der Thematik zu beschäftigen. Jeder Online-Dienst bietet inzwischen die Möglichkeit, mit Hilfe der bereitgestellten Zugangssoftware auszuwählen, ob das System für einen analogen Zugang oder einen ISDN-Zugang installiert werden soll. Es ist daher sinnvoll, auch über die notwendigsten Grundkenntnisse zum Thema ISDN zu verfügen.

Jeder hat bereits vom digitalen Netz der Telekom und von ISDN gehört. Allerdings ist kaum bekannt, was sich hinter diesen Bezeichnungen genau verbirgt. Durch das digitale Netz ist es heute möglich, analoge Telefonanschlüsse mit nur sehr geringem Aufwand in einen ISDN-Anschluß umzuwandeln oder umwandeln zu lassen.

Mit ISDN (Integrated Services Digital Network) erhält man einen Telefonanschluß mit zwei sogenannten Basis- oder B-Kanälen und drei Telefonnummern. Jeder der beiden B-Kanäle entspricht gewissermaßen einer benutzbaren Telefonleitung. Damit erhält man mit jedem ISDN-Basisanschluß zwei Telefonleitungen mit drei (oder auf Wunsch bis zu zehn) Rufnummern. Die Leitungen sind also nicht mehr wie beim analogen System fest mit einer Rufnummer verbunden, sondern stehen je nach Bedarf für alle drei (bis zehn) Nummern zur Verfügung. Man kann also über eine Nummer telefonieren, während dieselbe Nummer über die noch freie Leitung angerufen werden kann.

Über eine sogenannte So-Schnittstelle, läßt sich jeder Computer, welcher über eine ISDN-Karte oder ein externes ISDN-Modem verfügt, an das ISDN-Netz anschließen. Auf diese Art und Weise sind Datenübertragungsvolumina von bis zu 128 kbit/s möglich, sofern die beiden B-Kanäle gleichzeitig benutzt werden.

Neben der Möglichkeit der schnellen Datenübertragung bietet ISDN sämtliche Voraussetzungen zur Durchführung von Videokonferenzen und natürlich auch alles, was zum Zugang ins Internet erforderlich ist.

Prinzipiell gibt es zwei verschiedene Methoden, den Computer ISDN-tauglich zu machen. Zum einen die interne ISDN-Karte, die von einem Fachmann auf einem freien Steckplatz im Computer installiert wird und durch ein Kabel mit der So-Schnittstelle verbunden wird, und zum anderen ein externes ISDN-Modem, welches nicht im Computer installiert werden muß, aber ebenfalls sämtliche Features einer internen Karte besitzt.

Wie bereits erwähnt, bieten die Online-Dienste die Möglichkeit der ISDN-Einwahl mit 64 kbit/s. Für Europa kommt das ISDN-Protokoll X.75 zum Einsatz, während in den USA das Protokoll V.120 am verbreitetsten ist.

Mit der ADSL (Asymmetric Digital Subscriber Line)-Technik wird es möglich, über die normalen Kupferkabel des Telefondrahtes virtuelle Welten auch an bisher nicht mit Glasfaserkabeln vernetzte Haushalte zu bringen. Zudem wird durch die neue Technik auch eine noch wesentlich höhere Geschwindigkeit als bei ISDN erreicht.

Die ADSL-Technik wird bereits von der Telekom unter der Bezeichnung T-DSL angeboten.

4.3 Theoretische und technische Grundlagen

Wer an der Online-Kommunikation teilnehmen möchte, muß grundsätzlich zwei Kriterien erfüllen:

1. Der eigene Computer muß – für die Dauer der Online-Sitzung – über eine Datenleitung an ein entferntes Netzwerk angebunden sein. Als Datenleitung wird dabei fast immer die Telefonleitung verwendet.
2. Für jeden der gewünschten Dienste muß auf dem eigenen Computer die entsprechende Software vorhanden sein.

Es ist sehr wichtig, den Aufbau der Datenleitung und die Datenleitung an sich gedanklich von den zur Verfügung stehenden Diensten zu trennen. Die Datenleitung ist wie die Stromversorgung des Computers eine Grundvoraussetzung. Sie ist als eine Brücke zum Online-Dienst zu verstehen, auf der sich die Datenströme bewegen können. Zwar wird auch für den Aufbau der Datenleitung eine spezielle Software eingesetzt, sie wird aber nicht mehr benötigt, sobald die Verbindung hergestellt ist. Wie im Kap. 2.8 beschrieben, gibt es zwei vorherrschende Möglichkeiten, ins Internet zu gelangen, nämlich Provider und Online-Dienste. Online-Dienste bieten beim Zugang oft etwas komfortablere Lösungen an. Was die Nutzung des Internet angeht, sind sie allerdings bezüglich der Preisgestaltung einerseits sehr verschieden und andererseits bei einer Internet-Nutzungsdauer von mehr als etwa sieben Stunden pro Monat auch meist teurer als Provider.

Doch wie funktioniert nun der Zugang zum Internet im einzelnen? Dies sei im folgenden am Beispiel eines Online-Dienstes beschrieben. Grundsätzlich ist zu sagen, daß die erstmalige Verbindung zu einem der Online-Dienste eine der schwierigsten Hürden für den Anfänger darstellt. Geben Sie deshalb nicht auf, wenn der erste Versuch, sich Eintritt in das Netz der Netze zu verschaffen, fehlschlägt. Es gibt fast niemanden, der alles sofort richtig machen kann. Sollte es wiederholt nicht möglich sein, die Verbindung aufzubauen, so lassen Sie sich für den ersten Schritt von einem Profi helfen. Dazu können Sie auch die Service-Hotline

„Ihres" Online-Dienstes in Anspruch nehmen. Haben Sie den Online-Kontakt nur ein einziges Mal hergestellt, ist dies der Beweis für die richtige Einstellung Ihrer Zugangssoftware, und alle weiteren Schritte sind dann weit einfacher und bedienerfreundlicher.

Grundlage jeglicher Online-Kommunikation ist, wie bereits gesagt, eine permanente Verbindung zwischen dem eigenen Computer und dem Computer des Online-Dienstes. Um dies zu erreichen, eignet sich am besten die normale Telefonleitung, oder falls vorhanden, eine ISDN-Leitung.

Am Rande sei hier erwähnt, daß der Datenaustausch auch mittels Funktelefonen und auch via Satellit möglich ist.

Die Terminalsoftware, die für den Benutzer von jedem der Online-Dienstbetreiber zur Verfügung gestellt wird, läßt sich grob in drei Aufgabenbereiche gliedern:

1. Aufbau des Zugangs zum Online-Dienst
2. Nutzung des Informations- und Dienstleistungsangebots des jeweiligen Online-Dienstes
3. Möglichkeit, den Online-Dienst über das Internet-Gate zu verlassen und z.B. im WWW zu surfen oder E-Mail zu anderen Online-Diensten bzw. Providern zu verschicken

Um den Kontakt zum Online-Dienst aufnehmen zu können, muß zunächst das Modem an den Computer angepaßt werden. Dabei wird dem Computer mittels der vom Online-Dienst bereitgestellten Software mitgeteilt, an welcher der Steckverbindungen (seriellen Schnittstellen) sich das Modem befindet und welche Telefonnummer gewählt werden soll, um den Online-Dienst zu erreichen.

Außerdem können hier bereits die persönliche Kennung und das Paßwort eingegeben werden, die ebenfalls jedem Nutzer vom Online-Dienst mitgeteilt werden.

Nachdem der Computer über die serielle Schnittstelle mit dem Modem gekoppelt ist, wird das Modem wiederum direkt physikalisch mit der Telefonleitung (genauer gesagt mit der Nebenstellen- oder Faxbuchse) verbunden. Oft ist bereits eine sog. NFN- oder NFF-Buchse der Telekom installiert. Diese Buchse kann den Telefonstecker, einen Anrufbeantworter und den TAE-Standardstecker des Modems aufnehmen. Der TAE-Stecker des Modems entspricht einem Stecker, wie er z.B. auch für Anruf-

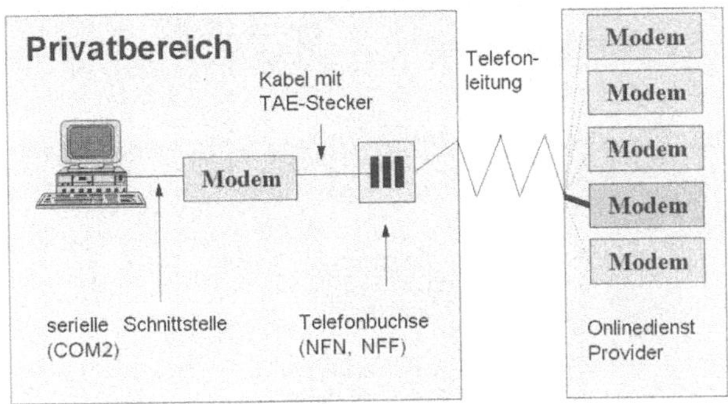

Abb. 4.1: Nach dem Anschluß des Computers an die Telefonleitung mit Hilfe des Modems kann eines der vom Online-Dienst bereitgestellten Modems angewählt werden

beantworter an einer Nebenstellenbuchse verwendet wird. Bei ISDN-Anschlüssen verbinden Sie die ISDN-Karte mit dem NTBA (strombetriebene Box, an die alle ISDN-Geräte und/oder die Telefonanlage angeschlossen werden) der Telekom.

Über die zuvor im Computer installierte Zugangssoftware, das sogenannte Terminalprogramm, hat man auch die örtliche Telefonnummer des Online-Dienstes, die persönliche Kennung und das Paßwort eingegeben.

Diese drei Punkte sind zu beachten, um sich erfolgreich beim Online-Dienst einzuloggen und sich als berechtigter Nutzer auszuweisen.

Über einen Befehl zum Verbindungsaufbau kann man nun das Modem veranlassen, die angegebene Telefonnummer zu wählen. Wenn die Leitung frei ist, erreicht man eine Gruppe von Modems, welche der Betreiber des Online-Dienstes am jeweiligen Ort (z.B. Ort A, siehe Abb. 4.2) des Benutzers, und damit zum Ortstarif, bereitstellt. An diesem sog. „Einwahlknoten" nimmt eines der Modems den Anruf des Kunden entgegen und verbindet wiederum mit dem Zentralrechner des Online-Dienstes. (Die Modems des Online-Dienstes stehen meist über eine Standleitung mit dem Zentralrechner in Kontakt.)

Der Zentralrechner fragt nach der persönlichen Kennung und dem Paßwort. Diese werden – vorausgesetzt die Zugangssoftware wurde entsprechend installiert – in der Regel automatisch vom eigenen Computer an den Zentralrechner geschickt.

Sind diese „Formalitäten" alle geklärt, ist eine echte „Online"-Verbindung hergestellt.

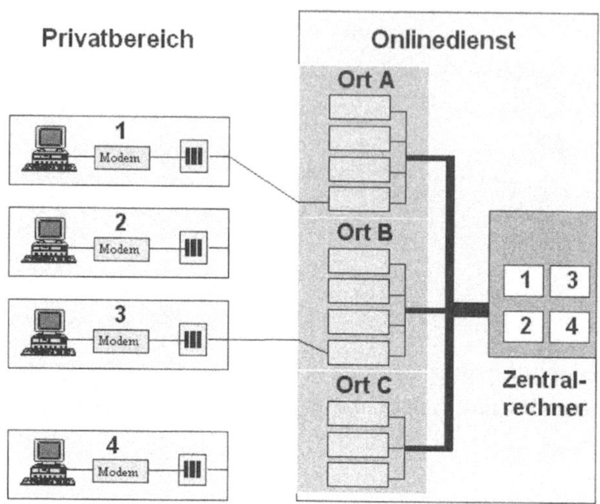

Abb. 4.2: Über die Telefonleitung und die örtlichen Einwahlknoten des Online-Dienstes erreicht man den Zentralrechner des jeweiligen Dienstes

Eine derartige Standleitung stellt die Pipeline dar, über welche die Datenströme fließen können. Jeder Benutzer entscheidet nun selbst, wie er die Datenpipeline nutzen will, d.h. welches Anwenderprogramm er an seinem Ende der Pipeline aufruft.

Hier beginnt der zweite Aufgabenbereich der Terminalsoftware: die Nutzung der spezifischen Angebote des jeweiligen Online-Dienstes. Es können Datenbanken abgefragt, Foren und Diskussionsrunden besucht, Grafiken, Videos, Spiele usw. auf den eigenen Computer geladen werden, oder es kann E-Mail empfangen bzw. verschickt werden. Für jede der Anwendungen steht spezielle Software bereit.

E-Mail nimmt eine Sonderstellung ein. Denn E-Mail kann auch offline, also ohne die Verbindung zum Zentralrechner, auf dem eigenen Computer erstellt werden. Die Meldungen, die mit der entsprechenden Software (ebenfalls im Softwarepaket des Online-Dienstes inklusive) verfaßt werden, können solange auf dem PC zwischengespeichert werden, bis die nächste Online-Sitzung stattfindet. Steht die Leitung, kann man die E-Mail en bloc verschicken. Je nach Adresse kann sie den Online-Dienst auch über das Internet-Gate (siehe Abb. 4.4) verlassen, um zum gewünschten Empfänger zu gelangen. Ankommende E-Mail wird für den Empfänger, z.B. den Nutzer mit der Nummer 2, im per-

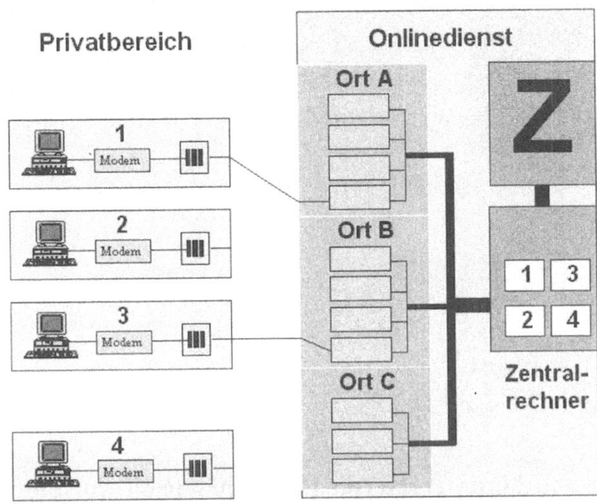

Abb. 4.3: Nutzungsmöglichkeit der für jeden Online-Dienst spezifischen Zusatz-dienste (Z). Sie stehen nur den Kunden des betreffenden Online-Dienstes zur Verfügung.

sönlichen Postfach Nr. 2 auf dem Zentralrechner solange zwischen-gespeichert, bis sie ebenfalls in einer Online-Sitzung von diesem auf-gerufen und gelesen wird. Der Nutzer entscheidet dann, ob er die E-Mail-Nachricht auf den eigenen Computer lädt, löscht oder zunächst noch im Postfach liegen läßt.

Ergänzend sei hier erwähnt, daß E-Mail nicht zwangsläufig aus-schließlich Text enthalten muß, sondern daß ferner sogenannte binäre Dateien an eine E-Mail-Meldung angehängt werden können. Binäre Dateien sind alle Dateien außer den reinen (ASCII-)Textdateien.

Der für die meisten Online-Dienst-Klienten wichtigste Aufgabenbe-reich der Online-Software ist neben der E-Mail-Funktion die Bereit-stellung von sogenannten „Internet-Tools". Mit Hilfe dieser Sofware-Werkzeuge wird das Surfen im Internet erst möglich gemacht. Als besonders hilfreich haben sich der Netscape Navigator und der Microsoft Internet Explorer erwiesen, mit welchen man gleichzeitig mehrere der im Internet angebotenen Dienste in Anspruch nehmen kann.

Ins Internet gelangt man als Mitglied eines Online-Dienstes über das sogenannte Internet-Gate. Dies ist eine Datenleitung, die den Zentralrechner des Online-Dienstes mit dem Internet-Host des Dienstes

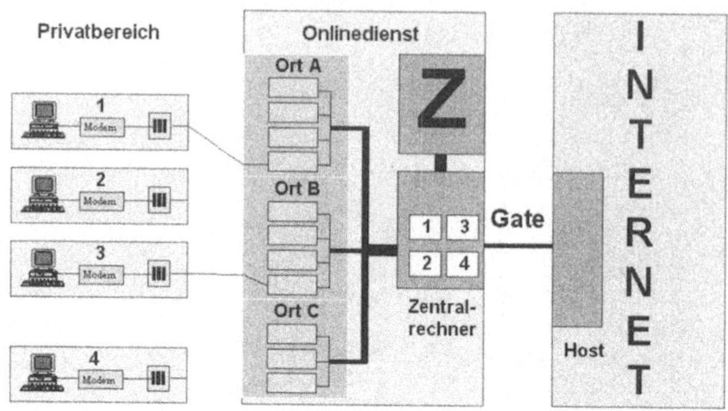

Abb. 4.4: Zugang zum Internet über den Online-Dienst

verbindet. Um einen noch komfortableren Datenaustausch mit dem
Internet zu bekommen, bieten z.B. zahlreiche Provider und Online-
Dienste eine sogenannte PPP-Connectivity an (Point to Point Protocol). Über einen PPP-Zugang gelangt man direkt ins Internet. Allerdings
lassen sich, solange man den PPP-Zugang nutzt, die Zusatzleistungen
des Online-Dienstes nur sehr eingeschränkt abrufen.

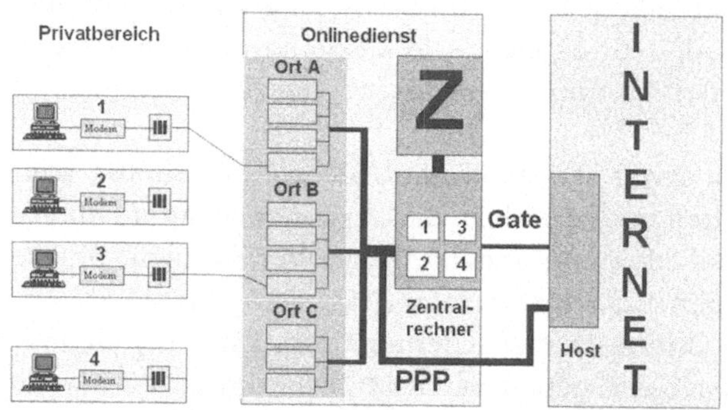

Abb. 4.5: Direkter Zugang zum Internet über eine PPP-Verbindung

Die Unterschiede zwischen einem Online-Dienst und einem direkten
Internet-Zugang über einen Provider wurden bereits in Kap. 2.8 besprochen.
Es gibt viele verschiedene Möglichkeiten, das Internet nutzbar zu
machen. So kann man z.B. elektronische Briefe versenden, Texte, Bilder,
Tondateien, Videoclips und Programme auf den eigenen PC holen,

Suchsysteme in Anspruch nehmen, sich an Diskussionsrunden zu bestimmten Themen beteiligen oder sogar entfernte Computer fernsteuern.

Stellen Sie sich vor, Sie möchten das aktuelle Update Ihrer Praxissoftware nicht jedesmal mühsam per Disketteninstallation auf Ihren PC laden. Hier würde sich der direkte Online-Zugriff auf den Server des Software-Herstellers hervorragend eignen, um die gewünschten Programme oder Informationen über das Internet zu erhalten.

Um all dies tatsächlich realisieren zu können, stehen verschiedene Hilfsmittel zur Verfügung. Für jede Tätigkeit im Internet und für jeden der angebotenen Dienste benötigt man zur Ausführung genaugenommen ein spezielles Programm.

Hierin liegt derzeit noch der besondere Kundenvorteil der Online-Dienst-Anbieter. Sie statten ihre Kunden in den meisten Fällen von Anfang an mit einem Programmpaket aus, das kostenlos erhältlich ist und den Kunden ermöglicht, an den wichtigsten Angeboten des Internet teilzuhaben. Hierzu wird wiederum das Internet-Gate des betreffenden Online-Dienstes benutzt.

Jedoch schreitet auch die Entwicklung der sog. Internet-Browser-Software [vgl. Kapitel 5] sehr stark voran, welche als Grundlage für die Allround-Nutzung des Internet sowohl für die Online-Dienste als auch für die Provider zur Verfügung stehen. Die gesamte Entwicklung ist sehr konvergent. Der Vorsprung, den die Online-Dienste bezüglich einer komfortablen Handhabung über lange Zeit bieten konnten, ist kaum mehr vorhanden. Denn auch die von den Providern offerierten Browser sind multifunktionell und in ihrer Bedienerführung sehr leicht für den Internet-Anfänger verständlich.

4.3.1 Protokolle

Ein Protokoll ist eine Software, welche die Gesetzmäßigkeiten festlegt, nach denen zwei Computer miteinander kommunizieren. Das Protokoll ist also die Sprache, die ein Computer sprechen muß, wenn er Daten mit einem anderen Computer austauschen will. Im Protokoll werden viele technische Details bestimmt, auf die hier nicht näher eingegangen werden soll. Verwenden zwei Computer verschiedene Protokolle, ist eine Kommunikation extrem erschwert oder meistens sogar unmöglich.

Damit gibt das Protokoll gewissermaßen den Standard vor, an den sich jeder halten muß, der am Datenaustausch teilnehmen will. Der Vorteil eines einheitlichen Protokolls ist es, daß jeder Computer und jede Software ungeachtet der Marke Daten austauschen kann, wenn lediglich die Kriterien des Protokolls eingehalten werden. Der Erfolg des Internet beruht unter anderem darauf, daß sich weltweit ein einheitliches Protokoll (TCP/IP: Transmisssion Control Protocol/Internet Protocol) durchgesetzt hat. Jeder Internet-Host ist mit den anderen Internet-Hosts über dieses Protokoll verbunden. Zwei weitere Protokolle, SLIP (Serial Line Internet Protocol) und das neuere und modernere PPP (Point to Point Protocol), können von Einzelanwendern benutzt werden, um sich beim Host direkt einzuwählen und somit über das TCP/IP des Hosts Teil des Internet zu werden.

4.3.1.1 TCP/IP

Das TCP/IP-Protokoll ist das zentrale Protokoll des Internet. Es ist daher für das Verständnis der Funktionsweise des Internet von außerordentlicher Bedeutung. Das TCP/IP-Protokoll besteht genau genommen aus zwei eigenständigen Protokollen, die aber direkt voneinander abhängig sind und daher schon fast wie ein einziges Protokoll bezeichnet werden.

Die Funktionsweise der Protokolle wird leichter verständlich, wenn man sie mit der herkömmlichen Briefpost vergleicht.

Es soll beispielsweise ein 30-seitiger Brief versandt werden. Zur Beförderung stehen nur Kuverts bereit, die maximal drei Seiten aufnehmen können. Um diese Aufgabe erfüllen zu können, müssen die 30 Seiten in Pakete zu je drei Seiten aufgeteilt und zehn Kuverts jeweils mit Absender und Empfänger versehen werden. Diese Arbeit übernimmt das Internet-Protokoll (IP).

Das Transmission Control Protocol (TCP) versieht jeden Briefumschlag mit einer fortlaufenden Nummer, um später die Seiten wieder in der richtigen Reihenfolge zusammensetzen zu können. Außerdem berechnet TCP vor dem Absenden der Briefe noch aus dem Dateninhalt der drei Seiten eine Codezahl, mit der es die jeweils entsprechenden Umschläge versieht. Nun werden die Briefe hintereinander in den Briefkasten gesteckt.

Dadurch wird sichergestellt, daß auch andere den Briefkasten noch benutzen können, während die Briefe eingeworfen werden. Der Briefkasten nimmt nur Briefe und keine Pakete an. Auch eine Überfüllung

des Briefkastens wird so weitgehend vermieden, denn bevor der Briefkasten voll mit Briefen ist, wird er bereits wieder geleert.

Schon im Postamt sind die Briefe vollkommen durcheinander. Auf
verschiedenen Wegen können sie nun ihren Bestimmungsort erreichen.
Am Zielort kommen sie daher meist auch in unterschiedlicher
Reihenfolge an. TCP ordnet zunächst alle Briefe nach der fortlaufenden
Nummer, die vor dem Absenden angebracht wurde. Die Briefe werden
geöffnet und erneut wird aus den jeweiligen Daten die Codezahl
ermittelt. Stimmt sie mit der Codezahl überein, die auf dem Briefumschlag steht, so ist der Inhalt des Briefes ohne Beschädigung ange-
kommen. Ist dies nicht der Fall, wird eine Meldung an den Absender
geschickt, mit der Bitte, das entsprechende Kuvert nochmals zu versenden. Dieser Vorgang wiederholt sich so oft, bis alle 30 Seiten komplett
beim Empfänger eingetroffen sind.

4.3.1.2 SLIP und PPP

SLIP (Serial Line Internet Protocol) und das neuere PPP (Point to Point
Protocol) sind spezielle für den Einzelanwender konzipierte Verbin-
dungsprotokolle. Ihr besonderer Vorteil liegt darin, daß man die Telefonleitung und ein Modem benutzen kann, um vollwertiger Internet-
Teilnehmer zu werden. Wichtig ist nur, daß man, wie im allgemeinen
Teil über Protokolle beschrieben, als Anwender jeweils dasselbe Protokoll verwendet wie der Betreiber des Einwahlknotens. Ein PPP-Zugang
zum Internet ist mit Hilfe von Windows 95/98 sehr leicht zu realisieren
und aus Geschwindigkeitsgründen auch ausgesprochen sinnvoll. Über
eine PPP-Verbindung wird der eigene Rechner direkt ans Internet
angeschlossen. Für Firmen, die selbst größere Netzwerke betreiben, ist
SLIP oder PPP wegen der zu geringen Geschwindigkeit der Datenübertragung nicht geeignet.

4.3.1.3 SMTP und POP3

SMTP (Simple Mail Transfer Protocol) ist ein Standard-Protokoll zum
Versand von E-Mails. POP3 (Post Office Protocol) wird benötigt, um E-
Mails zu empfangen.

4.3.1.4 MIME

MIME (Multipurpose Internet Mail Extensions) ist ein E-Mail-Standard, der die Übertragung von 8-bit Datenströmen erlaubt, die für File-
Attachments an die E-Mail notwendig sind. Attachments sind Dateien

beliebigen Formats (Text, Bild, Video etc.), die an eine E-Mail angehängt und mit dieser versandt werden können.

4.4 Verschiedene Wege ins Internet

Für jeden, der am Internet Interesse gefunden hat, gibt es schon heute diverse Wege, um sich Zugang zu verschaffen. Die Vor- und Nachteile der einzelnen Anbieter sowie deren generelle Ausrichtung sollen an dieser Stelle kurz dargestellt werden. Prinzipiell unterscheidet man drei Gruppen von Anbietern: Online-Dienste, Provider und Sonstige. Unter die Rubrik „Sonstiges" fallen z.B. Vereine, Universitäten und z.B. in Bayern sog. Bürgernetzvereine. Eine Sonderstellung haben die Anbieter medizinischer Software, die in der Regel Verträge mit einem der großen Provider abgeschlossen haben und somit de facto Unterprovider sind. Dessen ungeachtet können sie besonders für Mediziner von Nutzen sein.

Die wichtigsten Kriterien bei der Auswahl eines Online-Dienstes oder Providers sind Angebot, Bedienerfreundlichkeit, Zugangsmöglichkeiten und Einwahlknoten, Direktzugang zum Internet sowie die anfallenden Gebühren.

4.4.1 AOL Deutschland

AOL ist erst Ende 1995 in Deutschland, Frankreich und England gestartet, und kann seither erstaunliche Zuwachsraten aufweisen. Die Muttergesellschaft in Amerika wächst nach eigenen Angaben derzeit um mehr als 10.000 Mitglieder pro Tag. Die Zielgruppe von AOL ist zwischen 18–45 Jahren alt. In Deutschland hat der Newcomer AOL jetzt bereits über 1,5 Millionen Mitglieder und ist damit nach T-Online der zweitgrößte Online-Dienst in Deutschland. Mitte 1997 hat AOL CompuServe aufgekauft.

Dienste
AOL richtet sich mit seinem Angebot schwerpunktmäßig an den Consumer-Markt und an private, erlebnisorientierte Nutzer. Professionelle und nutzenorientierte Kunden finden sich nach eigenen Angaben eher bei T-Online. Neben zahlreichen Zeitschriften aus verschiedenen Be-

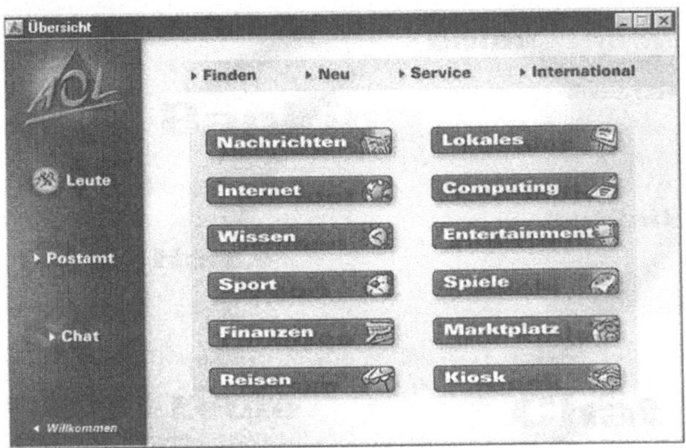

Abb. 4.6: Begrüßungsseite von AOL

reichen (STERN, GEO, P.M.), Finanztips, Online-Banking und Sportinfos bietet AOL ebenfalls einen Eintritt ins Internet.

Technische Voraussetzungen und Möglichkeiten
Wie bei allen Online-Diensten wird die Zugangssoftware kostenlos zur Verfügung gestellt. Die Installation auf der Festplatte erklärt sich selbst. AOL bietet nahezu flächendeckend analoge sowie ISDN-Einwahlknoten an. Die Übertragungsgeschwindigkeiten sind bei AOL vergleichsweise gut bis sehr gut.

Internet-Zugang
AOL bietet einen integrierten Internet-Zugang ohne zusätzliche Kosten. Dabei nutzt AOL standardmäßig als Browser den Internet Explorer von Microsoft. Jedoch ist auch der Einsatz des Netscape Communicators oder anderer Browser möglich. Die bundesweit einheitliche Zugangsnummer von AOL lautet: 01914.

Mitgliedschaft
Die Mitgliedschaft kann online erworben werden, indem man sich nach der Installation der Zugangssoftware bei AOL einwählt und dort einen Online-Aufnahmeantrag ausfüllt. Service-Hotline unter 0180-5313164 (DM 0,24/Min.).

4.4.2 CompuServe

CompuServe war einer der ersten kommerziellen Online-Dienste, der weltweit Einwahlknoten für seine Mitglieder bereitstellte. Neben dem weltumspannenden firmeneigenen Netzwerk der CompuServe Inc. bietet CompuServe über seinen Zentralrechner ein Gateway zum Internet. Über dieses Gateway kann jedes CompuServe-Mitglied ins Internet gelangen und die Internet-Dienste nutzen. Hauptzielgruppe von CompuServe sind in erster Linie professionelle EDV-Benutzer. CompuServe bietet nationale und weltweite Diskussionsforen sowie Informationen zu den verschiedensten Sachgebieten an. CompuServe wurde 1997 vom Mitbewerber AOL übernommen.

Mitgliederzahlen
CompuServe ist einer der weltweit ältesten Online-Dienste. Seit 1991 ist CompuServe auch in Deutschland erreichbar. CompuServe betreibt flächendeckend Einwahlknoten.

Dienste
CompuServe bietet eine sehr übersichtliche und bedienerfreundliche Nutzeroberfläche, die selbst Einsteigern die Navigation im Dienst leicht macht. Die Service-Palette umfaßt auch umfangreiche deutschsprachige Dienste wie z.B. dpa, DER SPIEGEL, Archive der Süddeutschen Zeitung und der Neuen Zürcher Zeitung, Bertelsmann Lexikon, europäische Zugfahrpläne der Deutschen Bahn AG sowie German Company Library. Zu den Stärken von CompuServe zählen die Anbindung zahlreicher internationaler Datenbanken, die sich mit dem Suchsystem IQuest durchforsten lassen. Die generelle Ausrichtung des Dienstes bezüglich der Inhalte richtet sich zwar hauptsächlich an professionelle Benutzer mit Spezialinteressen vornehmlich aus dem EDV-Bereich, jedoch werden auch zu medizinischen Themen insbesondere im neuen Center Medizin, Wissenschaft und Technik einige sehr interessante Angebote zur

Verfügung gestellt. CompuServe ist bemüht, auch die Bereiche Geldmarkt, Reisen, Elektronisches Einkaufen und Unterhaltung weiter auszubauen. Neben der E-Mail-Funktion, die bei CompuServe sehr einfach handhabbar ist, ist insbesondere der Zugang zum World Wide Web des Internet relevant. Hierzu bietet CompuServe die Möglichkeit eines direkten Zugangs mittels PPP-Protokoll.

Technische Voraussetzungen und Möglichkeiten
Zur Nutzung von CompuServe wird neben dem PC und dem Modem lediglich die von CompuServe bereitgestellte Zugangssoftware benötigt. Für Windows liegt der sogenannte WinCIM (CompuServe Information Manager für Windows) in deutscher Sprache vor.

Mitgliedsantrag
Wenn Sie sich entschieden haben, das CompuServe Angebot testen zu wollen, können Sie sich direkt bei CompuServe, Unterhaching, schriftlich oder online durch frei verfügbare Zugangssoftware anmelden. Service-Hotline: 0180-5704070 (DM 0,48/Min.).

4.4.3 T-Online

T-Online (früher Btx/Datex J) ist mit weitem Abstand der größte deutsche Online-Dienst. T-Online bietet seinen Service nur in Deutschland an, baut aber auch Kooperationen mit ausländischen Partnern auf. Besonders interessant ist T-Online für professionelle Anwender.

Geschichte
Anfang der 80er Jahre entstand Btx oder Bildschirmtext der Deutschen Bundespost als erster deutscher Online-Dienst. Zu diesem Zeitpunkt war die Verbreitung von Computern in Deutschland noch sehr gering, die Rechenleistung der Computer sehr schlecht und das Internet praktisch nur in Wissenschaftskreisen bekannt. Btx nutzte als Endgerät folgerichtig den Fernseher. Allerdings waren die Anmeldungsformalitäten kompliziert, die Technik unübersichtlich und das Angebot an attraktiven Diensten ausgesprochen dürftig, so daß es beinahe zu einer Einstellung des gesamten Btx-Projektes kam. Dies änderte sich erst mit der Einführung eines neuen, leistungsfähigeren Standards, dem KIT-Standard, der den Btx-Standard

CEPT (Conférence Européenne des Administrations des Postes et de Télécommunication) abgelöst hat. Die Vorteile von KIT sind die grafische Orientierung, die wesentlich bessere Bildqualität und die nicht mehr zwangsläufig streng hierarchische Gliederung der Angebote.

Mitgliederzahlen
Wie bei den anderen Online-Diensten stieg die Zahl der Mitglieder auch bei T-Online in den letzten Jahren und Monaten sprunghaft an. Waren es Anfang 1992 noch ca. 300.000, so wurde im Frühjahr 1996 die Millionengrenze durchbrochen. Mitte 1997 zählte T-Online 1,6 Millionen Mitglieder. Derzeit hat T-Online mehr als 5 Millionen Mitglieder.

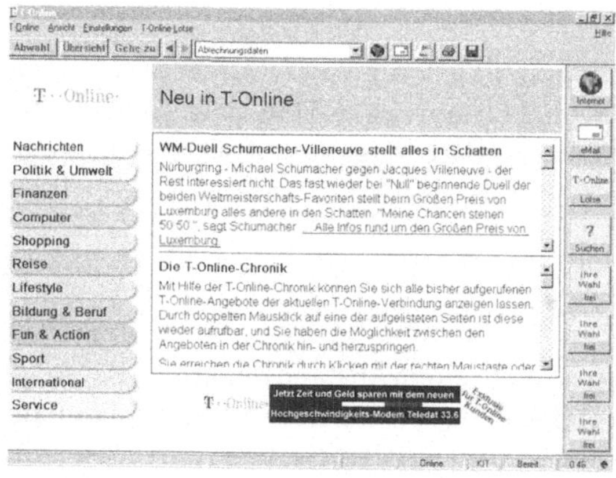

Abb. 4.7: Begrüßungsseite von T-Online

Dienste
T-Online bietet in Deutschland flächendeckend Einwahlknoten zum Ortstarif an. Btx bzw. T-Online ist insbesondere durch die Möglicheit des Home-Banking bekannt geworden. Mittlerweile erstreckt sich das Angebotsspektrum auf nahezu sämtliche online-taugliche Bereiche. Sogar Postdienste, wie das Versenden von Telefax oder die elektronische Telefonauskunft, sind über T-Online erreichbar. Das T-Online Angebot ist aus „Seiten" aufgebaut, jeder ist eine eindeutige Nummer zugeordnet. Jeder Anbieter hat eine oder mehrere „Leitseiten" oder Begrüßungsseiten, von der aus ein Online-Nutzer unter den jeweiligen Angeboten wählen kann. Die Befehle zum Aufruf einer Seite beginnen mit dem Zeichen * und enden mit #. Um auf die T-Online Begrüßungsseite zu

gelangen gibt man *0# ein. Mit *9# kann die Sitzung beendet werden. Die Leitseiten können neben der Nummer häufig auch durch ein Kürzel aufgerufen werden. Beispiele hierfür: *Lufthansa#, *Bahn#, *dimdi# oder *DRK#.

Eine alphabetische Liste aller Anbieter findet man unter *12#, ein Schlagwortverzeichnis unter *103#. Die Gliederung nach Sachgebieten ist unter der Seite *10391# erhältlich.

In das Angebot von „Btx plus" gelangt man über *+#. Hier findet man mit einem Kostenaufschlag Informationen aus den Bereichen News, PC, Kapital oder Sport.

Wie die anderen Online-Dienste bietet auch T-Online einen Übergang ins Internet. Dieser kann bei Benutzung des Telekom-Dekoders direkt mit der Maus „angeklickt" werden.

Technische Voraussetzungen und Möglichkeiten

Grundsätzlich ist jeder PC T-Online-tauglich. Die notwendige Zugangssoftware wird bei T-Online als Software-Dekoder bezeichnet. Für verschiedene Betriebssysteme gibt es entsprechende Dekoder, welche sich jedoch in ihrem Leistungsspektrum und Preis erheblich unterscheiden können. Für Computer mit dem Betriebssystem Windows von Microsoft werden KIT-fähige Dekoder kostenlos über CD-ROM von der Telekom verteilt. Außerdem hat T-Online für das Internet den Netscape-Browser sowie den Microsoft Explorer lizensiert. Ab Version 2.0 der T-Online Software erhält man außerdem ein komplett überarbeitetes E-Mail-Programm, ein neues Navigationssystem, welches die Startseite ersetzt, sowie eine neu entwickelte Online-Banking-Software, die zahlreiche Offline-Funktionen zur kostengünstigen Kontoverwaltung enthält.

Internet-Zugang

T-Online bietet flächendeckend Einwahlknoten. T-Online strukturierte sein Angebot um und bietet nun auch Internet-Zugang über das schnelle PPP-Protokoll. Diese Möglichkeit ist in der neuen T-Online Software automatisch integriert. Die Einwahl über die alte Dekoder-Software führt nach wie vor über das wegen seiner Geschwindigkeit gefürchtete Internet-Gateway in Ulm. Die neue Software (ab Version 2.0) bietet eine sehr gute Geschwindigkeit und eine einheitliche Einwahlnummer unter 0191011.

Kosten
Eine aktuelle Übersicht über sämtliche Preise und Verbindungsentgelte erhält man unter http://www.t-online-de/service

Mitgliedsantrag
Für die Zusendung eines Antragsformulars wenden Sie sich bitte an die Telekom oder benutzen frei verfügbare Zugangssoftware. Service-Hotline kostenfrei unter: 0130-0190.

4.4.4 Provider

Es gibt in Deutschland mittlerweile eine sehr vielfältige Provider-Landschaft. Alle Provider aufzuzählen würde den Rahmen dieses Buches bei weitem sprengen. Eine ausführliche Auflistung verschiedener Provider findet sich im Internet unter der Adresse http://www.heise.de. Jeder der Provider betreibt zahlreiche POPs (Point of Presence) in verschiedenen Städten. Über die POPs kann man sich in das provider-eigene Netzwerk einwählen und von dort aus das Internet betreten. Wie in Kap. 2.8 beschrieben, bieten Provider einen direkten Internet-Zugriff. Die Preise sind entweder Pauschalpreise oder richten sich nach der tatsächlich übertragenen Datenmenge. Die Nutzung von Provider-Diensten ist für den Einsteiger geringfügig komplizierter als diejenige von Online-Diensten. Sollten sie aber am Internet Gefallen finden und häufig im Netz surfen, sind spezielle Provider-Angebote z.T. wesentlich günstiger als die Internet-Angebote der Online-Dienste. So bietet z.B. der Provider Germany.net aus Frankfurt kostenfreien Internet-Zugang mit zahlreichen Einwahlmöglichkeiten in Ballungsgebieten. Insbesondere für Unternehmen, die eine eigene Online-Präsenz im Internet aufbauen wollen, sind die Provider die richtigen Ansprechpartner.

4.4.5 Sonstige Zugänge

Für Studenten bieten die meisten Universitäten kostenlosen Eintritt ins Internet über die Universitätsrechenzentren an. Medizinstudenten sind hierbei häufig im Vorteil, da eventuell bestehende Kontingente für den Medizinbereich nur selten ausgeschöpft werden. Jede Universität hat ihre eigenen Regeln, nach welchen der Zugang ermöglicht wird. Meist muß in irgendeiner Form nachgewiesen werden, inwiefern der Internet-Zugriff für die wissenschaftliche Arbeit notwendig ist. Dazu gibt es gewöhnlich in den einzelnen Fakultäten oder Instituten Online-Beauftragte oder Master-User, die derartige Bestätigungen zur Vorlage beim Rechenzentrum ausstellen können. In der Regel sollte man sich jedoch schon recht gut mit einem Computer auskennen, bevor man sich einen Online-Zugang vom heimischen Rechner aufbaut.

Eine weitere sehr interessante Möglichkeit, kostengünstigen Internet-Zugang zu erhalten, bieten Vereine. Vereine wie der Individual Network e.V., Oldenburg, oder subNetz e.V., Karlsruhe, können kontaktet werden, wenn eine ausschließlich private Nutzung des Internet angestrebt ist. Ebenfalls auf gemeinnütziger und privater Basis arbeiten die neu gegründeten Bürgernetzvereine in Bayern. Im Rahmen der Initiative Bayern Online der Bayerischen Staatskanzlei werden an zahlreichen Orten in Bayern für die Bürger kostenfreie Internet-Einwahlknoten durch die Bürgernetzvereine bereitgestellt.

5 Browser

Browser sind Programme, die ursprünglich lediglich für das WWW ausgelegt waren. Man hatte sie als reine Zusatzinstrumente konzipiert, die, wie die anderen Internet-Tools für FTP, Usenet usw., nur die Aufgabe hatten, den jeweiligen Dienst – also das WWW – nutzbar zu machen. Die Hauptaufgabe der WWW-Browser war das Lesen, Übersetzen und die grafische Darstellung der im WWW-spezifischen HTML-Format programmierten WWW-Seiten. Dies hat sich radikal gewandelt.

Heute sind die WWW-Browser universell einsetzbare Superprogramme, die alle Internet-Dienste zugänglich machen. Das bedeutet, daß man sich lediglich mit der Funktionsweise eines Browsers vertraut machen muß, um auf alle Internet-Dienste – einschließlich der dreidimensionalen Darstellungsformen im WWW – zugreifen zu können. Somit wurde ein entscheidender Fortschritt bei der Entwicklung des Internet gemacht. Die im Internet angebotenen Dienste werden vom Browser automatisch durch die Eingabe der Zieladresse erkannt. So führt z.B. die Eingabe von http://www.Servername zur Aktivierung der WWW-Funktionen, während mit news:Servername das Usenet angesprochen wird. Der Browser der Zukunft wird damit zum völlig eigenständigen Arbeitsmedium, mit welchem man sämtliche Aufgaben erfüllen kann, die jemals in Netzen anfallen. Ferner sind Browser bereits in der Lage, verschiedene Verschlüsselungsverfahren zu bieten, was besonders für die Übermittlung sensibler Daten notwendig ist. Ist der Datenaustausch im Internet verschlüsselbar und damit sicher, schwindet ein weiterer, bisher ausschlaggebender Vorteil der Online-Dienste.

Die benutzerfreundliche grafische Oberfläche bietet ein übersichtliches Menü, persönliche Lesezeichen und Hilfefunktion.

Der Communicator und der Explorer sind die zur Zeit schnellsten Internet-Browser, die Multitasking-Fähigkeiten aufweisen, Viewer für

Video- und Audio-Dokumente bieten, progressive JPEG-Dekompression ermöglichen und Hot Java- bzw. ActiveX-fähig sind.

Beide beinhalten die volle E-Mail-Funktionalität, die Verwaltung von Mails und Adressen, die Möglichkeit des Offline Lesens und Versendens von Attachments. Foren und Chats sind direkt zugänglich.

Sicherheit wird durch Verschlüsselungstechniken für sensible Daten und Zahlungsvorgänge und Autorisierungsmöglichkeit (elektronische Unterschrift) gewährleistet.

Informationen zum Microsoft Explorer finden Sie im Internet unter der Adresse: http://www.microsoft.com oder http://www.microsoft.de.
Netscape ist unter http://www.Netscape.com zu erreichen.

5.1 Netscape Communicator

Beim Netscape Communicator steht nicht mehr alleine das World Wide Web im Vordergrund. Vielmehr ist der Communicator ein Programmpaket, welches fast alle Tätigkeiten beherrscht, die mit Online-Kommunikation zu tun haben.

Abb. 5.1: Das Steuermenü des Netscape Communicators. Von hier aus lassen sich die verschiedenen Internet-Dienste sowie der Netscape Composer ansteuern.

Vom zentralen Steuermenü des Netscape Communicators kann man die verschiedenen Internet-Dienste wie E-Mail, Usenet, FTP etc. ansteuern.

Neben den E-Mail-(Messenger) und News-Programmen ist ein vollwertiger HTML-Editor (Netscape-Page-Composer) eingebaut, mit dessen Hilfe sich auch Laien mit etwas Übung die eigene Homepage im Internet zusammenstellen können.

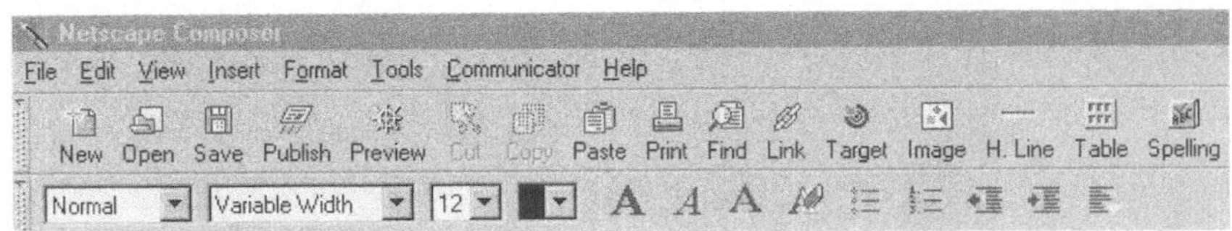

Abb. 5.2: Netscape Composer. Über dieses Menü läßt sich die eigene Homepage programmieren

Ergänzt wird das Leistungsspektrum noch durch ein sog. Konferenzmodul, welches Online-Konferenzen erlaubt, sowie durch einen interaktiven Terminkalender.

Mit der Funktion Netscape Conference und einer guten Internet-Verbindung mit Soundkarte läßt sich über den Composer sogar telefonieren. Weniger gut ausgerüstete User können alternativ das Text-Chat-Modul nutzen.

5.2 Microsoft Internet Explorer (IE)

Der Microsoft Internet Explorer ist das Konkurrenzprodukt zum Netscape Communicator.

Der Leistungsumfang des Explorers entspricht etwa dem des Communicators. Um auch Banktransaktionen sicher über einen Internet-Browser abwickeln zu können, stellt Microsoft u.a. auch für den Explorer leistungsstarke Verschlüsselungs-Programme zur Verfügung.

Abb. 5.3: Menüleiste des Microsoft Internet Explorers

5.3 Opera

Der Browser der norwegischen Firma Operasoftware nimmt eine Sonderstellung ein, da er nicht in erster Linie dazu konzipiert ist, eine Vorrangstellung im Web zu erzielen. Opera beschränkt sich auf eine ausgefeilte Funktionalität. Opera ist nicht kostenlos, sondern muß nach einer Probezeit von maximal 30 Tagen für 35 US$ erworben werden.

Für Vielsurfer bietet Opera den Vorteil, daß alle angesteuerten Lesezeichen auch beim Neustart des Computers am nächsten Tag noch mit der „Zurück" Taste wieder angesteuert werden können. Außerdem spart Opera mit grafischen Modulen, so daß mit Opera sehr schnell gesurft werden kann.

Schwächen zeigt Opera allerdings in der E-Mail Funktion. Diese können mit Opera nur gelesen, jedoch nicht beantwortet werden. Hierfür ist dann ein externes E-Mail Programm notwendig.

Für etwas erfahrenere Surfer ist Opera insbesondere wegen seiner Geschwindigkeit dennoch zu empfehlen. Nähere Informationen erhält man im Internet unter www.operasoftware.com.

6 Internet-Dienste

Die verschiedenen Internet-Dienste werden im folgenden in der Reihenfolge ihrer Wichtigkeit vorgestellt. Besonders relevant für den Mediziner sind E-Mail, das World Wide Web und das Usenet.

6.1 E-Mail

Electronic Mail oder E-Mail stellt das Rückgrat der elektronischen Kommunikation dar. Nahezu jeder Teilnehmer des Internet ist heute in der Lage, diesen zentralen Dienst zu nutzen. Electronic Mail repräsentiert damit den „Einstiegsdienst" ins Internet. Die weltweite Beliebtheit und enorme Akzeptanz von E-Mail ist nicht mehr zu übersehen. Voraussetzung für die Nutzung ist neben einer E-Mail-Adresse eine Software, die „Mailer" genannt wird, und ein privates „Postfach". Software und Adresse werden nach einer Anmeldung beim Online-Dienst von diesem zur Verfügung gestellt. Das Postfach befindet sich auf dem Zentralcomputer des Online-Dienstes oder Providers und kann dort nur von seinem Besitzer geleert werden (Abb. 4.3). Von einigen Unternehmen (z.B. www.gmx.de oder www.yahoo.de etc.) werden kostenfreie E-Mail Accounts angeboten, die sich durch Verkauf dadurch gewonnener Nutzerdaten sowie die Versendung von Werbung finanzieren. Man kann diese Dienste durch den Besuch der entsprechenden Homepage in Anspruch nehmen. Mail-Programme eignen sich grundsätzlich für folgende Tätigkeiten:

- Lesen und Abspeichern von E-Mail im eigenen Computer,
- Verfassen und Versenden,
- Kommentieren und Weiterleiten,

- Anfügen von Dateien (an E-Mail-Nachrichten können beliebige Dateien
  angehängt werden – dies funktioniert nicht mit allen Systemen),
- Verwalten von Adressen.

E-Mail befindet sich auf bestem Wege, das Fax-Zeitalter zu beenden.
Diese Aussage mag als sehr gewagt gelten, lassen sich doch auf den
ersten Blick keine nennenswerten Vorteile zum Telefax erkennen. Bei
näherer Betrachtung werden allerdings elementare Vorzüge gegenüber
jeder anderen Übermittlungsform sichtbar.

Auf elektronischem Wege lassen sich durch E-Mail nicht nur Texte,
sondern auch Bild- und Tondateien übertragen. Mit den Internet-
Browsern ist es möglich, in eine E-Mail-Nachricht gleich Verweise auf
bestimmte Stellen im Internet einzubauen und zu versenden (z.B.
WWW-Adressen), die vom Mail-Empfänger nur noch angeklickt werden
müssen, um sich an die entsprechende Stelle im Internet zu bewegen.

Sämtliche Mitteilungen, Grafiken oder Bilder können durch den Empfänger sofort weiterbearbeitet oder weitergeleitet werden. Auch hinsichtlich der Kosten ist E-Mail kaum zu schlagen. Selbst wenn man nach
China oder in die Antarktis mailen will, fallen nur die lokalen Telefonge-
bühren bis zum Einwahlknoten des Online-Dienstes an. Dies gilt natürlich nur bis zu einer gewissen Anzahl von Mails.

Will man mit einer E-Mail-Nachricht mehrere Adressaten gleichzeitig
erreichen, so ist dazu nur ein einmaliges Versenden notwendig. Hierzu
müssen dann lediglich alle Empfängeradressen eingegeben werden –
eine Aufgabe, die jedes Mailprogramm spielend bewältigt. Es gibt dabei
sogar zwei verschiedene Arten des Versands. Bei der einen, die sich CC
(Carbon Copy) nennt, weiß jeder Empfänger, wer außer ihm selbst die
Mitteilung noch erhielt. Da dies jedoch manchmal nicht erwünscht ist,
gibt es auch die Variante der Blind Carbon Copy (BCC oder BC). Bei
dieser Versandform bleiben dem Empfänger die übrigen Adressaten
der entsprechenden Nachricht unbekannt.

Jede normale E-Mail-Sendung hat genau festgelegte Bestandteile: Emp-
fängeradresse, BCC-oder CC-Feld für weitere Empfänger, eine Betreffzeile
und den Raum für die eigentliche Nachricht. Bei vielen Mailern besteht
die Option, auch binäre Dateien zu übertragen. Darunter sind sämtliche
Dateien zu verstehen, die nicht ausschließlich Text enthalten.

Während bei der Versendung von E-Mail innerhalb eines Online-
Dienstes die Verwendung von Umlauten und nationalen Sonderzeichen

möglich ist, gibt es vereinzelt noch Probleme, wenn E-Mail aus dem Online-Dienst ins Internet geschickt werden soll. Dies liegt daran, daß sich viele Internet-Mailer an den ASCII (American Standard Code for Information Interchange) halten. Dieser Code enthält einen international gültigen Zeichensatz von genau 256 Zeichen. Umlaute sind darin nicht enthalten. Diese werden jedoch im Zeichensatz ISO-8859-1 dargestellt, der inzwischen in fast allen deutschen Programmen standardmäßig installiert ist.

Adressierung
Die im Kap. 2.7 angesprochenen Gesetzmäßigkeiten der Adressierung gelten selbstverständlich ebenfalls für E-Mail. Analog zur Briefpost muß neben der Adresse auch der Name des Empfängers angegeben werden. Bei alleiniger Nennung der Anschrift könnte der Brief zwar beim richtigen Haus ankommen, der Empfänger wäre aber nicht ausfindig zu machen. Aus demselben Grund wird bei der E-Mail außer dem Namen des entsprechenden Host-Rechners zusätzlich das persönliche Benutzer-Postfach angegeben. Um die hierarchische Struktur der Adressierung aufrechtzuerhalten, wird der Benutzername durch den sog. Klammeraffen oder das @-Zeichen („at") abgetrennt und links vor den Host-Namen gestellt. Die allgemeine E-Mail-Adresse lautet wie folgt: Benutzername@Host-Name.

Einige Beispiele verdeutlichen die Adressierung:

president@whitehouse.gov
meier@aol.com
mueller@t-online.de

Das @-Zeichen kann übrigens auf den meisten PC-Tastaturen durch gleichzeitiges Drücken der Tasten „AltGr" und „Q" erzeugt werden.

Die zahlreichen Rechner (Router), welche eine Nachricht durch das Internet leiten, benötigen dazu immer wieder die Adresse des Hosts, da wie erwähnt sehr viele verschiedene Wege möglich sind. Hierfür beachten sie nur die rechts vom @-Zeichen befindlichen Informationen. Wenn die Mitteilung dann den gewünschten Host erreicht, wird sie von diesem in das entsprechende Postfach des Benutzers abgelegt. Letzteres ist – nur für den eigenen Host-Rechner erkennbar – durch die links des @-Zeichens stehende Information definiert.

Bei der Versendung einer E-Mail aus einem der Online-Dienste ins Internet (oder umgekehrt) müssen bestimmte Regeln beachtet werden, die für jeden Online-Dienst unterschiedlich sind. Jeder Benutzer wird hierüber vom Online-Dienst ggf. aufgeklärt.

6.2 WWW

Das World Wide Web ist der mächtigste Dienst, den das Internet anbietet. Innerhalb weniger Jahre erlangte das WWW auch außerhalb der Gruppe der Computerfreaks den höchsten Bekanntheitsgrad. Das WWW ist verantwortlich für das exponentielle Wachstum des Internet. Zur Nutzung des WWW ist ein Web-Browser notwendig. Ein Web-Browser ist ein Programm, das auf dem eigenen Computer installiert wird und die zuvor durch ein anderes Programm aufgebaute Datenleitung (Telefonleitung zum Online-Dienst oder Provider) verwendet. Die bekanntesten Browser sind der Netscape Navigator und der Microsoft Internet Explorer.

Zwei Merkmale des WWW haben zu seinem enormen Erfolg geführt: zum einen kann über das WWW bzw. mit Hilfe der WWW-Browser auf

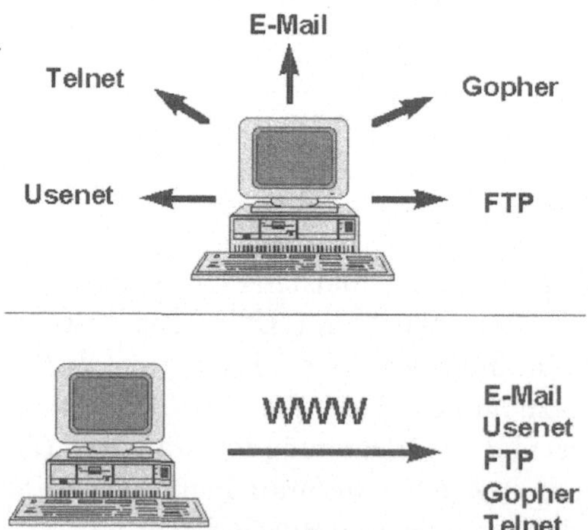

Abb. 6.1: Internet vor und nach der Entwicklung des WWW

nahezu alle anderen Dienste des Internet zurückgegriffen werden – also Gopher, FTP, E-Mail, Usenet, Telnet; zum anderen ist das WWW aufgrund seiner Struktur auch vom absoluten Computerlaien sicher nutzbar, sofern einmal die Installation durchgeführt ist.

Das WWW basiert auf dem „Hypertext Transfer Protocol" (HTTP), einem Protokoll, das die Verbindung zu einem anderen Server oder einer anderen Datei herstellt, wenn man bestimmte Bereiche der gerade bearbeiteten Bildschirmseite mit dem Cursor anklickt. Auf diese Weise kann man von Server zu Server durch die ganze Welt „surfen". Eine typische WWW-Seite enthält meist neben der reinen Textinformation auch Grafikbestandteile und sieht wie folgt aus:

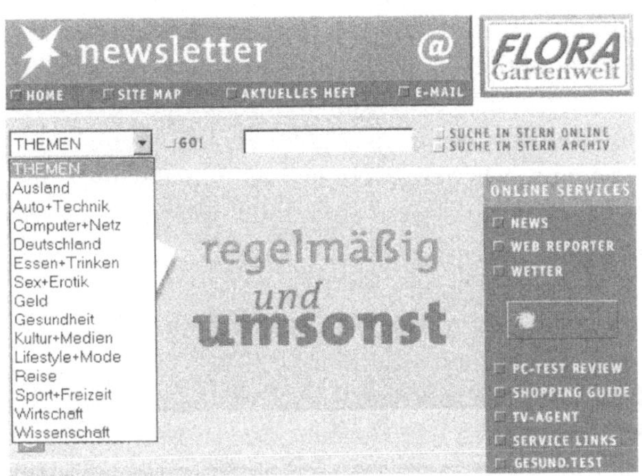

Abb. 6.2: Typische WWW-Seite

Klickt man nun auf einen weiterführenden Hinweis (Hyperlink), wird dem eigenen Rechner eine Adresse übermittelt, die der Programmierer der jeweiligen HTML-Seite dem ausgewählten Link zuteilte. Dies kann eine Adresse auf demselben oder auf jedem anderen WWW-Server der Erde sein. Die Verbindung zur Zieladresse wird innerhalb von Sekunden aufgebaut, und die dortige Willkommensseite oder „Homepage" wird geladen. Diese Prozedur kann man beliebig oft fortsetzen. Um eine ganz bestimmte Seite zu erreichen, kann man die Adresse (die auch URL oder „Uniform Resource Locator" genannt wird) direkt per Tastatur eingeben. Seit Anfang 1996 lassen sich sogar dreidimensionale Objekte im WWW darstellen, die von allen Seiten betrachtet werden können.

6.3 Usenet

Usenet ist der Teil des Internet, in welchem die verschiedensten Themen besprochen werden können. Um eine gewisse Ordnung in das Usenet zu bringen, sind die Diskussionsforen thematisch in die sogenannten News-Groups unterteilt. Sie lassen sich bei einem News-Server „abonnieren". Auch für diese Aufgabe eignet sich der Netscape Browser vorzüglich, da er ein spezielles Programm für News-Groups enthält. Man tippt beim Netscape Browser lediglich „news:" gefolgt vom Namen der News-Group ein und wird dann entsprechend verbunden. Dies stellt eine erhebliche Vereinfachung in der Benutzerführung dar. Grundsätzlich können nur diejenigen News-Groups abonniert werden, die der jeweilige Host des betreffenden Online-Dienstes oder Providers bereitstellt. Mittlerweile findet man im Internet weltweit mehr als 20.000 verschiedene News-Groups mit zum Teil abenteuerlicher Ausrichtung. Die News-Groups sind wiederum grob in Hauptgruppen eingeteilt, über welche die folgende Liste Auskunft gibt:

sci: (science) Themen, die sich mit der Wissenschaft beschäftigen
news: Nachrichten
comp: Themen aus dem Computerbereich
rec: (recreation) Freizeitthemen wie Hobbies, Sport, Kunst
talk: bis auf Ausnahmen fachlich weniger interessante Diskussionsrunden
misc: verschiedene Themengebiete
alt: (alternative) alles sonstige
de: News-Groups in deutscher Sprache

Selbstverständlich gibt es im Bereich der Medizin eine ganze Reihe von interessanten Diskussionsgruppen, von denen einige weiter unten vorgestellt werden. Ein Beispiel für eine deutschsprachige medizinische News-Group ist: de.sci.medizin. Wiederum ist die Baumstruktur in der Namensgebung deutlich zu erkennen. Dem de für Deutschland folgt ein sci, was im Prinzip sämtliche Wissenschaften einschließt. Mit medizin wird dann eindeutig spezifiziert. Eine Liste einiger News-Groups mit medizinischem Bezug ist im Kap. 8.3 zu finden. Die Beteiligung an Diskussionsforen setzt bestimmte Regeln voraus, die man als Netiquette bezeichnet und die unbedingt eingehalten werden sollten (siehe Kap. 7).

6.4 FTP

FTP oder File Transfer Protocol ermöglicht das Kopieren aller weltweit auf FTP-Servern vorhandenen Dateien auf die eigene Festplatte. Diese Dateien können verschiedene Formate haben, d.h. es kann sich um Programme, Texte, Bilder oder komprimierte Dateien handeln.

Wie bei E-Mail benötigt man für eine FTP-Sitzung die entsprechende FTP-Software oder den Internet-Browser.
Wiederum werden die Programme zur Benutzung von FTP in unterschiedlicher Qualität und Anwenderfreundlichkeit von den Online-Diensten bereitgestellt.

Eine FTP-Sitzung läuft fast immer nach dem gleichen Modus ab. Nach dem Start von FTP wird zunächst nach dem Namen des gewünschten Host, der Login-Kennung und dem Paßwort gefragt. Auch über den WWW-Browser ist eine sog. anonyme FTP-Sitzung möglich.

Zur Nutzung zahlreicher öffentlicher FTP-Server genügt es, im FTP-Programm als Namens-Login die Bezeichnung „anonymous" einzugeben. Bei diesen Servern verwendet man als Paßwort einfach die eigene E-Mail-Adresse.

Die Möglichkeit des „FTP-Upload" von Dateien, der ein Übertragen eigener Dateien auf einen FTP-Server erlaubt, ist zur Informationsbeschaffung nicht notwendig und soll hier nur erwähnt werden.

6.5 Telnet

Hinter Telnet verbirgt sich die Möglichkeit, Computer fernzusteuern. Dies bedeutet, man kann sich auf einem Computer einwählen und ihn anschließend so benutzen, als wäre es der eigene Computer. Um eine Telnet-Sitzung durchführen zu können, benötigt man die Zugangsberechtigung und ein persönliches Paßwort. Die Benutzung von Telnet ist für den Anfänger sehr kompliziert und für jeden, der einen Online-Dienst zum Zwecke der Informationsgewinnung im medizinischen Bereich benutzt, eher uninteressant. Dennoch ist es wichtig zu wissen, was Telnet ist und bewerkstelligen kann. Es besteht auch die Möglichkeit, Telnet mit Hilfe des Netscape Browsers zu betreiben. Einige Datenbanken, die per Telnet zu erreichen sind, können allerdings gleichfalls über einen der Online-Dienste angesteuert werden. Dies ist meist kostengünstiger und komfortabler.

6.6 Demonstration verschiedener Internet-Dienste

Die Demonstration der Internet-Dienste WWW und Usenet bezieht sich auf die Benutzung des Netscape Communicators.

Zunächst muß eine Internetverbindung als Datenpipeline über einen PPP-Wählzugang ins Internet hergestellt werden. Eine Online-Verbindung zu einem Online-Dienst bzw. Provider ist Voraussetzung für die Nutzung aller Dienste.

Wenn die Meldung erscheint, daß die Datenpipeline aufgebaut ist, wird das Programm Netscape Navigator, Netscape Communicator, Microsoft Explorer oder ein anderer Browser gestartet. Beim Netscape Communicator erscheint folgende Kommandoleiste:

Abb. 6.3: Menüleiste des Netscape Communicators (als Zieladresse wurde die Suchmaschine „Altavista" eingegeben)

Von hier aus kann man wählen, in welchen Dienst man gehen möchte. Klickt man „Communicator" an, so erscheint folgendes Untermenü, von welchem man z.B. zum E-Mail-Programm (Messenger Mailbox), zum Composer, zum Navigator oder in die Newsgruppen (Message Center) gelangen kann.

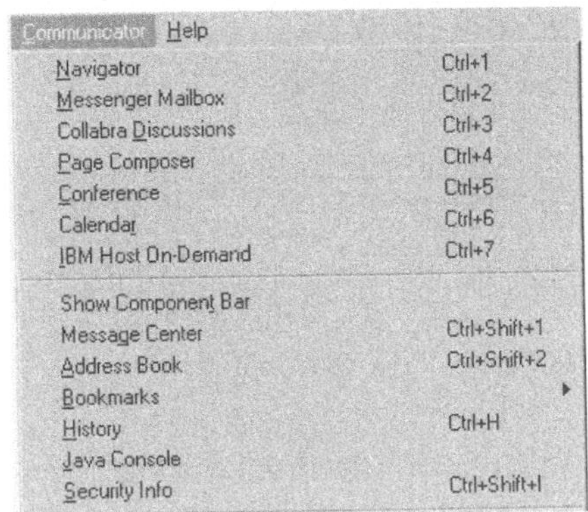

Abb. 6.4: Untermenü im Netscape Communicator. Von hier aus kann man den gewünschten Dienst auswählen

Allen Internet-Browsern gemeinsam ist eine Eingabezeile, der entweder „Go to:", „Gehe zu:", „URL", „Location", „Address" oder etwas gleichbedeutendes vorangeht.

WWW

Das Surfen im Internet ist wesentlich einfacher als man denkt. Bei „Location" oder „Go to" gibt man einfach die Adresse eines WWW-Servers z.B. http://www.medizin.de oder wie in Abb. 6.3 die Suchmaschine Altavista unter der Adresse http://www.altavista.com ein und bestätigt dies durch die Eingabetaste. Daraufhin wird automatisch der Kontakt zu dem betreffenden Server hergestellt und die gewünschte Homepage erscheint auf dem Bildschirm. Wenn der Browser immer automatisch mit einer bestimmten Seite starten soll, stellt man einfach im Menü „Optionen" („Options") unter „Grundeinstellungen" („General Preferences") die gewünschte WWW-Adresse ein. Hierzu kann jede beliebige Internet-Adresse verwendet werden.

Durch Anklicken unterstrichener Wörter oder Grafiken auf den WWW-Seiten, gelangt man jeweils zu neuen Inhalten oder anderen Homepages. Das Surfen durch das Netz der Netze kann beginnen.

Usenet

Über das Untermenü (Abb. 6.4) kann man wie erwähnt auch in den Programmteil „Message Center" gelangen. Es erscheint etwa folgendes Bild:

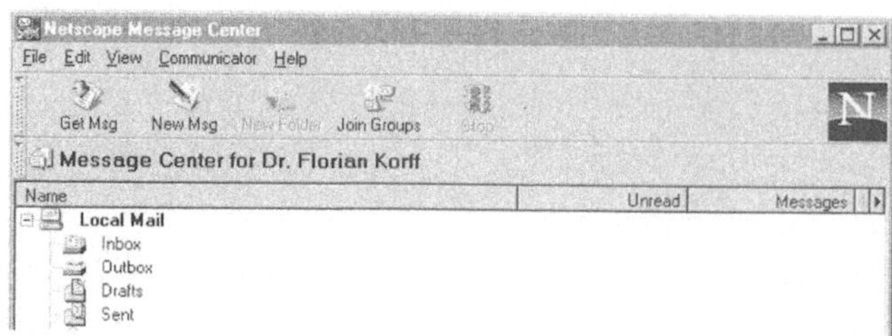

Abb. 6.5: Netscape Message Center

Im Message Center wird der gesamte Kommunikationsverkehr abge-
wickelt. Hier erhält man eine Übersicht über sämtliche eingehenden
und zu versendenden Mitteilungen. Um an einer Diskussion im Usenet
teilnehmen zu können, muß in den Grundeinstellungen (Preferences)
der Name eines sogenannten News-Servers eingetragen werden.

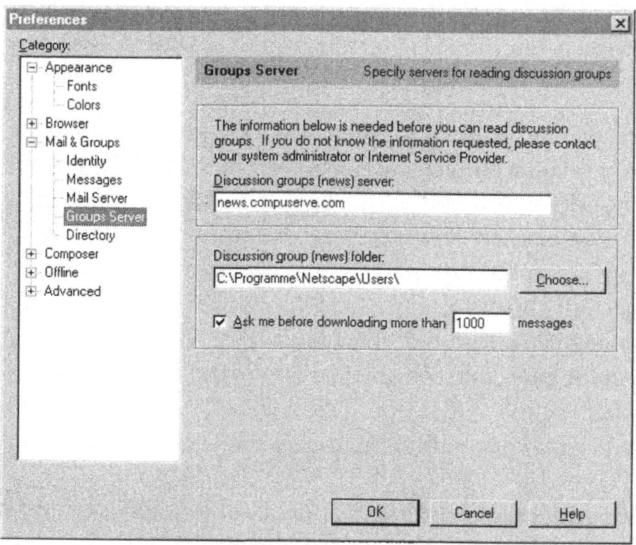

Abb. 6.6: Bestimmung eines News-Servers im Menü Grundeinstellungen

Über den korrekten Namen des News-Servers informiert der Online-
Dienst oder Provider. Hier wird auch ein Verzeichnis auf der eigenen
Festplatte bestimmt, in welches die Nachrichten abgelegt werden sollen.

Außerdem sollte man die Anzahl der maximal zu empfangenden Mitteilungen limitieren. Ist ein News-Server bestimmt, gelangt man über den Button:

Abb. 6.7: Join Groups

zur Gesamtübersicht aller auf dem jeweiligen News-Server vorhandenen Diskussionsgruppen.

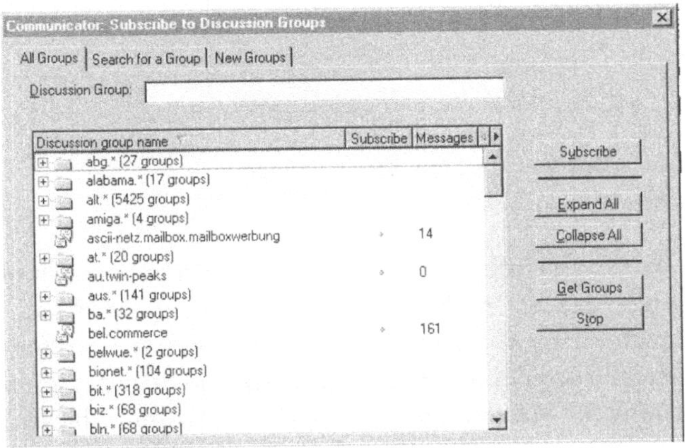

Abb. 6.8: Gesamtübersicht über sämtliche auf dem News-Server befindlichen Diskussionsgruppen

Wie man sieht, gibt es z.B. unter der Rubrik „alt" weit mehr als 5.000 verschiedene Untergruppen, von welchen einige mit medizinischem Bezug auch im Kapitel 10 genannt werden. Dabei sind die einzelnen Untergruppen z.T. in Ordnern zusammengefaßt, die man durch Mausklick auf das „+"-Zeichen öffnen kann (Ein bereits geöffneter Ordner ist mit einem „-"-Zeichen versehen).

Mit Hilfe des Scrollbalkens auf der rechten Seite der Liste lassen sich nach und nach auch die anderen Groups sichtbar machen.

Wenn man den Scrollbalken nach unten bewegt, erreicht man die deutschsprachigen News-Groups, welche alle mit dem Oberbegriff „de" gekennzeichnet sind.

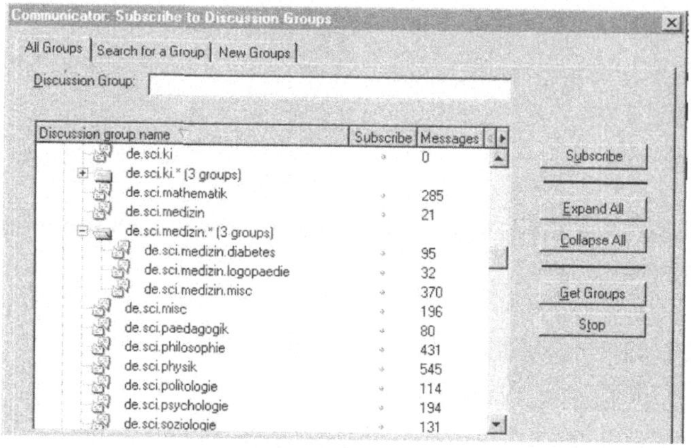

Abb. 6.9: Auszug aus den deutschsprachigen News-Groups unter dem Oberbegriff „de"

Auf der Suche nach medizinischen News-Groups ist man nun schon fast am Ziel angelangt (das „sci" steht übrigens für Science). Es geht nun darum, die gewünschten News-Groups zu abonnieren. Als Entscheidungshilfe, in welcher Gruppe eine lebhafte Diskussion stattfindet, kann man rechts die Anzahl der Mitteilungen innerhalb der Gruppe ablesen.

Etwas weiter unten in der Liste der News-Groups finden sich internationale medizinische Groups unter der Bezeichnung „sci.med". Durch Klicken auf die entsprechende Gruppe kann diese abonniert werden. Ein Häkchen rechts signalisiert, daß die jeweilige Gruppe ausgewählt ist. Drücken des Buttons „Subscribe" rechts oben bestätigt die Auswahl und man kehrt automatisch zum Message Center zurück.

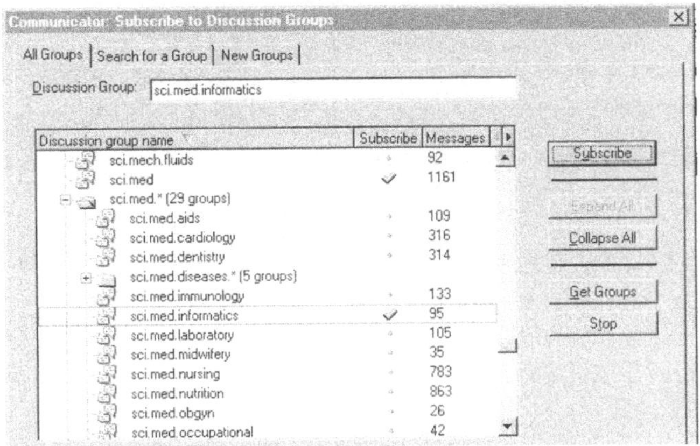

Abb. 6.10: Abonnieren einer News-Group

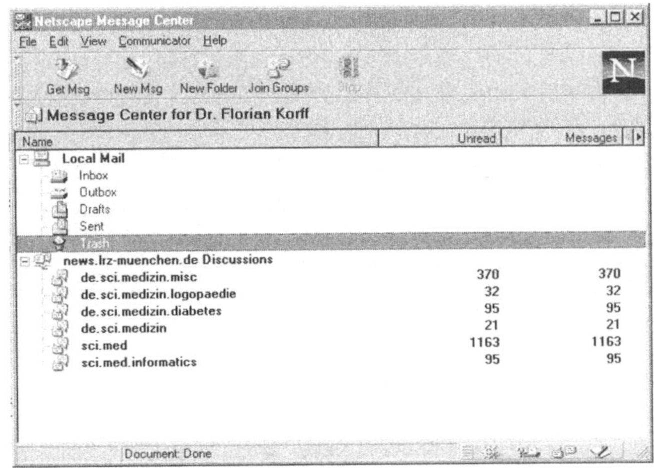

Abb. 6.11: Übersicht über die abonnierten News-Groups

Von hier aus kann die gewünschte News-Group betreten werden. Im Demonstrationsbeispiel handelt es sich um die Gruppe „sci.med.diabetes". Klicken auf den Gruppennamen läßt einen Bildschirm erscheinen, welcher in zwei Teile aufgeteilt ist.

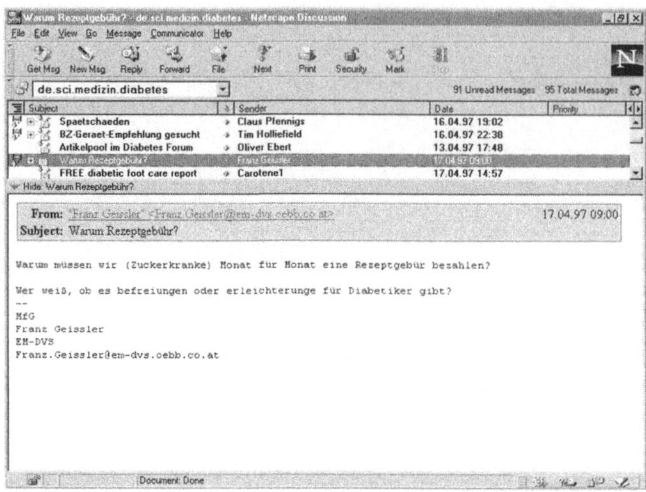

Abb. 6.12: Elektronische Diskussion innerhalb der News-Group „sci.med.diabetes"

Im oberen Teil sind die Themen und Autoren in Kurzform beschrieben. Wählt man ein Thema aus, so erscheint unten die Nachricht des betreffenden Autors. Wenn man sich an der Diskussion beteiligen möchte, kann man dies an dieser Stelle tun, indem man auf den „Reply" Button drückt.

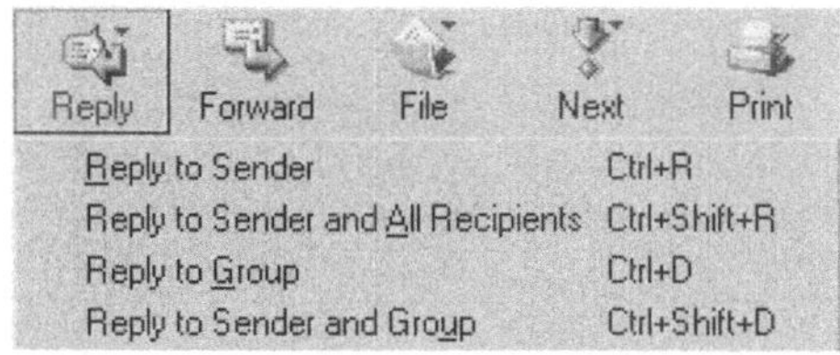

Abb. 6.13: Antworten auf einen Beitrag in einer News-Group

Auch hier gibt es wieder verschiedene Möglichkeiten der Antwort. Man kann nur dem Autor der Nachricht, allen Empfängern der Nachricht, der gesamten Gruppe oder der Gruppe und zusätzlich dem Autor antworten. Antworten an den Autor erreichen diesen direkt via E-Mail.

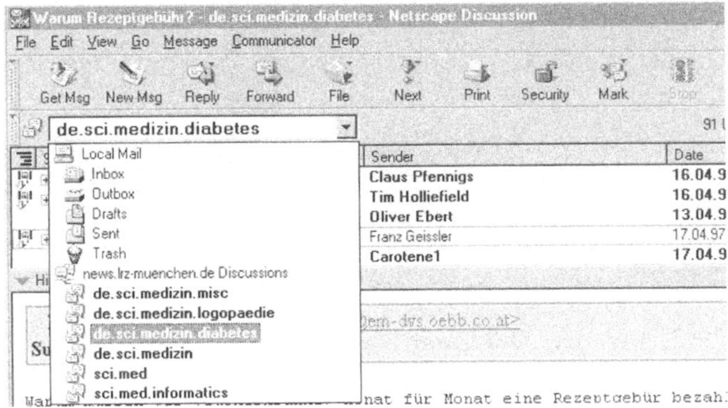

Abb. 6.14: Wechsel von einer Gruppe in eine andere

Sind alle interessanten Themen innerhalb einer Gruppe bearbeitet, kann man auf einfache Art und Weise in eine andere abonnierte Gruppe wechseln.

E-Mail
Wie besprochen stellen die genannten Browser auch eine Mailfunktion zur Verfügung. Diese kann direkt aus dem Hauptmenü aktiviert werden. Voraussetzung für die Nutzung von E-Mail ist die Voreinstellung eines Mail-Servers in den „Eigenschaften" oder „Properties" des Browsers. Diese erfolgt analog zur Einstellung des News-Servers.

Über die E-Mail-Funktion der Browser bzw. innerhalb der Mail-Programme der Online-Dienste läßt sich elektronische Post senden und empfangen.

Wie aus Abb. 6.16 zu erkennen ist, lassen sich auch WWW-Adressen via E-Mail versenden. Diese muß der Empfänger dann nur noch anklicken und gelangt so auf die entsprechende Homepage. Allerdings empfiehlt sich die Nutzung der Browser-E-Mail-Funktion hauptsächlich für Kunden von Providern, da die Online-Dienste in der Regel integrierte E-Mail-Programme anbieten.

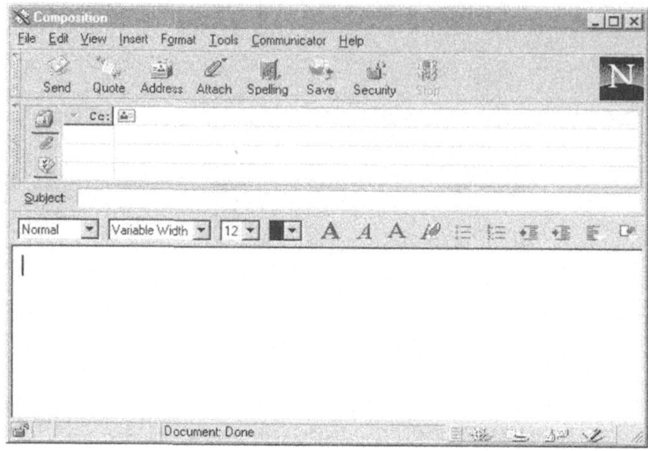

Abb. 6.15: E-Mail-Funktion des Netscape Navigators

Im Microsoft Explorer erwartet den Benutzer eine schlichte Mail-Oberfläche:

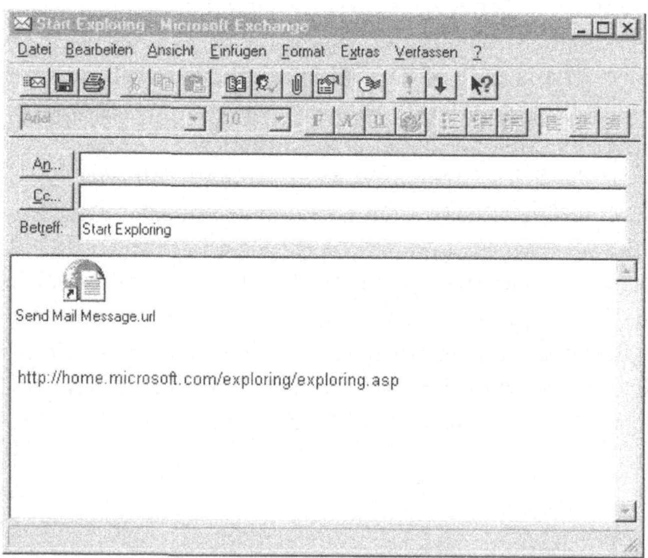

Abb. 6.16: Die E-Mail-Oberfläche des Microsoft Explorers

7 Grundregeln und Netiquette

Sobald man über eines der Internet-Gateways den schützenden Hafen eines Online-Dienstes verläßt und sich in die Weite des internationalen Netzes begibt, sollte man sich unbedingt an bestimmte dort herrschende Konventionen halten. Dies gilt insbesondere für die Benutzung von News-Groups im Usenet. Die Tatsache, daß es keine räumlichen Grenzen mehr gibt und sich gleichzeitig Personen aus verschiedenen Kontinenten über bestimmte Themen unterhalten können, sollte man sich stets vergegenwärtigen. Es ist nicht zu beeinflussen, wie viele Menschen eine Nachricht lesen, die man aus seiner gewohnten Umgebung heraus verschickt hat. Verschiedenste Kulturen und Lebensanschauungen treffen ungefiltert aufeinander. Die meisten derer, mit denen man über das Internet kommuniziert, wird man wahrscheinlich nie persönlich kennenlernen. Dies ist einerseits faszinierend, birgt aber andererseits auch einige Probleme. Kommunikation in der virtuellen Gesellschaft kann oft unbeabsichtigt zu Mißverständnissen oder zur Verletzung persönlicher Gefühle, gesellschaftlicher Normen oder kultureller Werte führen. Dies gilt umso mehr, als es sich um reine Textinformation handelt. Es ist nicht möglich, das, was ausgesagt werden soll, mit einem Lächeln, Schmunzeln, Augenzwinkern, einer bestimmten Gestik oder einem bestimmten Tonfall zu verbinden.

Ein Satz wie: „Das finde ich sehr gut", kann in der verbalen Kommunikation je nach Betonung unterschiedlichste Bedeutung haben. In den News-Groups war es daher erforderlich, neue Umgangsformen einzuführen. Stimmungen, Meinungen, Ironie und Gefühle können zumindest teilweise durch die Kennzeichnung des Textes mit „Smilies" (oder Emoticons) vermittelt werden. Smilies stellen somit einen gewissen Ersatz von Mimik und Gestik dar. Sie bestehen aus einer Folge von Strichzeichen und sind inzwischen in sehr großer Vielfalt vorhanden.

Ein Smilie ;-) läßt sich identifizieren, indem man den Kopf nach links neigt und so z.B. ein lächelndes, zwinkerndes Gesicht erkennen kann. Hier eine Liste der gebräuchlichsten Regeln:

1. Ironische Bemerkungen sollten immer mit Smilies versehen werden, um Mißverständnisse zu vermeiden.
2. Wer im Internet mit Großbuchstaben schreibt, der SCHREIT! Schreien ist unhöflich und sollte unbedingt vermieden werden.
3. Als Anfänger empfiehlt es sich, nicht sofort an der Diskussion einer News-Group teilzunehmen, sondern sich zunächst mit dem jeweiligen Stil der Gruppe vertraut zu machen. Eine Hilfe zu allgemeinen Fragen bietet die Liste der FAQs, der „frequently asked questions", die man sich via FTP von rtfm.mit.edu herunterladen kann.
4. Bevor man Fragen an die ganze Gruppe stellt, sollte man überprüfen, ob sich nicht schon in den FAQs eine Antwort findet. Ansonsten ist es möglich, daß man einige weniger schöne Antworten bekommt, wie z.B. RTFM, was soviel bedeutet wie „Read The F...... Manual".
5. Eine weitere Regel ist es, die Netzlast nicht unnötig zu erhöhen, indem z.B. auf weit entfernte Rechner zugegriffen wird, um Informationen abzufragen, die auch auf dem eigenen Server oder einer nahegelegenen Quelle zu erhalten sind.
6. Mit Hilfe einiger E-Mail-Programme läßt sich eine E-Mail-Mitteilung „unterschreiben". Die Unterschrift oder Signatur enthält z.B. Name, Firma, Telefon und Faxnummer. Es gilt als unhöflich, Unterschriften, die ja mit jeder Mail versandt werden, länger als vier Zeilen zu gestalten.

8 Suchen im Internet

8.1 Suchsysteme im WWW

8.1.1 Allgemeines

Nach erfolgreicher Installation der Zugangssoftware und der Anmeldung bei einem der Onlinedienste oder Provider stellt sich insbesondere für den Internet-Neuling regelmäßig die Frage, wie die gewünschte Information auf einfache Art und Weise zu erhalten ist. Die effektive Vorgehensweise bei der Informationssuche stellt in der Tat eine der letzten Hürden beim Einstieg ins Internet dar. Im Rahmen dieses Kapitels wird versucht, das notwendige Know-how bei der Informationssuche zu vermitteln.

Es ist nahezu undenkbar, einen Gesamtüberblick über die Millionen von Angeboten im Internet zu bekommen. Verschiedene Personen und Unternehmen haben sich daher zum Ziel gesetzt, durch die Programmierung von intelligenten Suchsystemen Ordnung in das „Chaos" des Internet zu bringen. Die von diesen Unternehmen angebotenen Suchmaschinen oder Search-Engines liefern sozusagen eine kurze Inhaltsangabe des Internet. Search-Engines sind die zentralen Anlaufstellen für jeden Internet-Surfer. Da die Suchmaschinen so stark frequentiert werden, eignen sie sich insbesondere zur Plazierung von Werbung. Dies führt dazu, daß es immer mehr und immer spezialisiertere Suchsysteme gibt.

Einteilung und Aufbau der Suchsysteme
Die Suchmaschinen im World Wide Web lassen sich etwa wie folgt einteilen: Internationale Suchsysteme, nationale bzw. deutschsprachige Such-

systeme, Metacrawler sowie fachspezifische Suchsysteme und Kataloge für die Medizin.

Eine weitere Einteilung kann vorgenommen werden zwischen Datenbanksuchsystemen und Katalogen.

Es gibt verschiedene Methoden, wie die Betreiber von Suchsystemen zu ihren Informationen gelangen. Eine Methode ist, das gesamte WWW mit Hilfe spezieller Screening-Programme laufend zu durchforsten und sämtliche Neuerungen automatisch in das Suchsystem aufzunehmen. Neue WWW-Angebote werden somit schnell erfaßt und können mittels der Schlagwortsuche im entsprechenden System aufgefunden werden. Die Qualität derartiger Systeme ist allerdings sehr stark von der Qualität des Screening-Programms abhängig.

Eine andere Möglichkeit besteht darin, daß sich Inhalteanbieter von sich aus beim Betreiber der Suchmaschine melden müssen. Die Inhalte werden dann gesichtet, kategorisiert und in den Katalog aufgenommen. Dort werden sie in hierarchischer Form bestimmten Themengebieten zugeordnet. Diese manuelle Zuordnung der Inhalte bietet in den meisten Fällen einen Qualitätsvorsprung. Ein Beispiel für einen der bekanntesten Kataloge stellt Yahoo! dar, ein Suchsystem, das in internationaler (www.yahoo.com) und auch deutscher Fassung (www.yahoo.de) verfügbar ist. Auch der Medizinindex Deutschland (www.Medizin.de) ist ein manuell gepflegtes Katalog-Suchsystem.

Verschiedene Suchstrategien
Die bedienerfreundlichste aber verhältnismäßig aufwendige Suchstrategie liefern diejenigen Search-Engines, die in einer Katalogstruktur aufgebaut sind. Hier kann man sich Schritt für Schritt zu dem gewünschten Thema vorarbeiten. Allerdings verlangt diese Vorgehensweise relativ viel Geduld, da immer neue Daten angefordert und übertragen werden müssen, welche mit dem eigentlichen Suchziel wenig zu tun haben. Besser sind hier Kombinationssysteme, welche auch eine Schlagwortsuche ermöglichen.

Anhand von Hotbot sei kurz erläutert, wie eine derartige Schlagwortsuche ablaufen kann und wie sie effektiv eingeschränkt wird, um möglichst wenige aber genaue Ergebnisse zu erzielen.

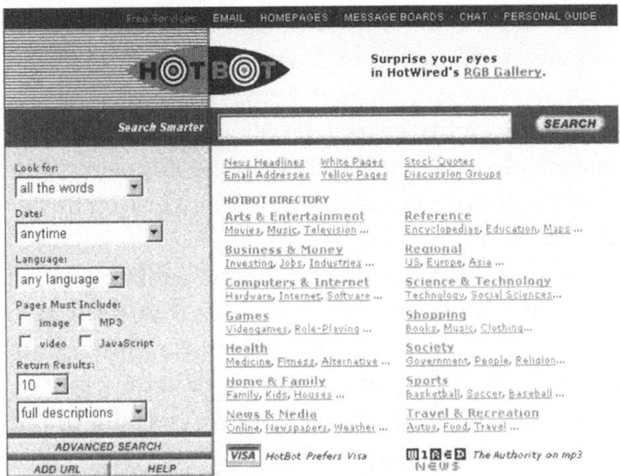

Zunächst wird ausgewählt, ob im World Wide Web oder im Usenet gesucht werden soll und ob alle Worte oder z.B. nur eine ganz exakte Bezeichnung gesucht wird (das Usenet sollte dabei nur durchsucht werden, wenn man bestimmte Beiträge aus einer Newsgroup suchen will). Anschließend wird der Suchbegriff eingegeben und es wird bestimmt, wieviele Ergebnisse pro Seite in welcher Detailtiefe wiedergegeben werden sollen. Bis zu diesem Punkt sind die Eingaben obligatorisch für eine Suche. Es besteht nun außerdem die Möglichkeit, die Suche zu spezifizieren. Hierzu stehen bei Hotbot folgende Optionen zur Verfügung:

1. Modify: Nennt Begriffe, die enthalten oder nicht enthalten sein dürfen.
2. Date: Schränkt die Suche nach einem zeitlichen Kriterium ein.
3. Location: Hier kann angegeben werden, wenn man nur bestimmte Server oder Servergruppen durchsuchen will. Mit Hilfe dieser Einstellung läßt sich die Suche auf Server eines bestimmten Landes oder auf Server bestimmter Anbieter oder Organisationen beschränken.
4. Media Type: Legt fest, welche Art von Datei gesucht werden soll. Dies ist besonders dann von Interesse, wenn man gezielt Bilder, Videos oder Tondateien suchen will.

Ein weiteres sehr bekanntes Suchsystem ist „Altavista" (http://www.altavista.com). Als Besonderheit lassen sich hier die sogenannten „Life

Topics" auswählen. Die Life Topics verfolgen eine andere Suchstrategie. Zu einem bestimmten Suchbegriff wird hier das gesamte Umfeld dieses Begriffs grafisch in Form einer oder mehrerer Baumstrukturen dargestellt. Man kann nun die einzelnen Interessensfelder auswählen und auf diese Weise die Suche einschränken. Life Topics arbeitet allerdings nur unter Java-Script, einer speziellen Programmiersprache, für welche der Browser vorbereitet sein muß.

Bei der Entwicklung einer persönliche Suchstrategie sollte man sich mit den verschiedenen Suchsystemen auseinandersetzen und für sich das System heraussuchen, dessen Struktur dem eigenen Geschmack am besten entspricht. Allgemeine Empfehlungen können hier kaum gegeben werden, da die Systeme die unterschiedlichsten Interessensgebiete mit unterschiedlicher Gewichtung abdecken.

Wichtiges zur Eingabe von Schlagwörtern

Wie besprochen halten die Suchmaschinen verschiedene Suchstrategien und Optionen bereit, mit deren Hilfe die Datenbanken abgefragt werden können. Voraussetzung ist allerdings, daß die gesuchten Begriffe so eingegeben werden, daß die Search-Engine „weiß", wonach sie genau suchen soll und somit eine effektive Suche möglich ist. Prinzipiell können bei fast allen Systemen mehrere Schlagworte gleichzeitig eingegeben werden. Hierzu gibt es einige Befehle, die sich auf nahezu sämtliche Suchrechner anwenden lassen:

AND Wenn zwischen zwei Worten „AND" eingefügt wird, bedeutet dies, daß beide Worte im Suchergebnis enthalten sein sollen. Beispiel: Parodontose AND Hygiene liefert nur Ergebnisse, deren Text beide Schlagworte enthält.

OR Das englische „oder" gibt alle Suchresultate wieder, die entweder das eine oder andere Schlagwort enthalten.

+ Das Plus-Zeichen bedeutet, daß das dem Zeichen folgende Wort in jedem Falle im Text enthalten sein muß.

- Das Minus-Zeichen bedeutet analog, daß das dem Zeichen folgende Wort nicht im Text enthalten sein darf.

. Ein Punkt nach einem Suchwort legt fest, daß genau dieses Wort in genau der angegebenen Schreibweise gesucht wird. Beispiel: Die Suche nach Herz, würde auch Fundstellen wie Herzkatheter oder Herzinfarkt liefern. Die Eingabe von Herz. verhindert dies.

*   Ein * wird als sogenannte „Wildcard" oder als „Joker" bezeichnet. Mit Hilfe dieser Eingabe kann man einzelne Wortbestandteile variabel gestalten. Beispiel: Die Eingabe von Tele*on läßt als Suchergebnis Telefon und Telephon zu.

„"   Anführungszeichen bestimmen wie bei Zitaten eine bestimmte Wortfolge, die unbedingt eingehalten werden muß.

Details zu den spezifischen Befehlen jeder Suchmaschine finden sich meist bei der Hilfe-Funktion des jeweiligen Angebots.

8.1.2 Deutschsprachige Suchsysteme

In Deutschland haben sich in den letzten Jahren zahlreiche landesspezifische, deutschsprachige Suchsysteme etabliert. Auch hier werden die Internet-Angebote auf die oben genannte Weise kategorisiert und den Informationssuchenden zur Verfügung gestellt.

Aladin

http://www.aladin.de

Aladin ist ein Suchsystem, welches deutschsprachige Seiten aufspürt, unabhängig davon, ob sie sich auf einem deutschen oder ausländischen Server befinden.

Crawler

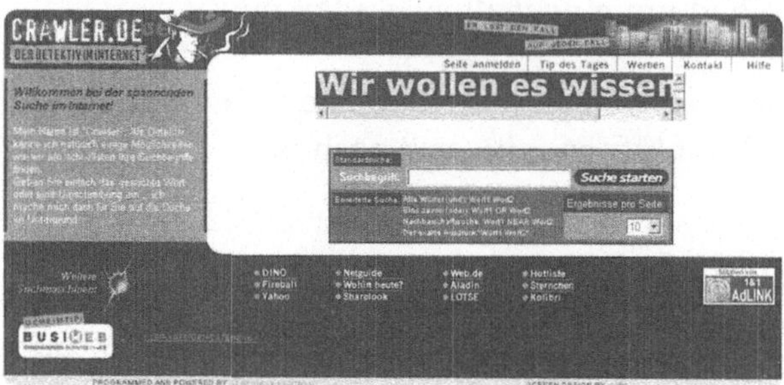

http://www.crawler.de

Crawler wird häufig als einer der besten deutschen Suchrechner bezeichnet.

Excite.de

http://www.excite.de

Der deutschsprachige Ableger der Suchmaschine Excite kooperiert exclusiv mit der Wochenzeitung „Die Zeit". Excite will mit derzeit 50 Millionen registrierten Websites Europas führendes Navigationssystem werden.

Fireball

http://www.fireball.de

Fireball ist die Suchmaschine des Verlagshauses Gruner + Jahr. Fireball wurde in sehr kurzer Zeit zu einer der meistbesuchten deutschen Internet-Suchmaschinen, da auch eine Kooperation mit Altavista, der TU-Berlin und T-Online mit seinen gesamten Nutzern besteht. Fireball ermöglicht je nach Wunsch schnelle oder ausführliche Suchanfragen. Die auf künstlicher Intelligenz basierende Software analysiert, ob es sich um ein deutschsprachiges oder englisches Angebot handelt.

Leo Org
http://www.leo.org
Leo ist ein übersichtliches, wenn auch kleineres Archiv. Dennoch lohnt der Besuch, da von Leo ein sehr interessantes Softwarearchiv verwaltet wird. Durch seine einfache Struktur eignet sich Leo.org besonders für den noch unerfahrenen Internet-Surfer.

Lycos

http://www.lycos.de
Lycos ist der deutschsprachige Dienst der von der Carnegie Mellon University aufgebauten Search-Engine. In Deutschland wird Lycos in einem Joint Venture Lycos-Bertelsmann geführt. In dieser Konstellation kooperiert Lycos mit Netscape und wird so zur offiziellen Netscape-Suchmaschine.

Sharelook
http://www.sharelook.de
Als Besonderheit bietet Sharelook städtespezifische Informationen z.B.
von Berlin, München, Hamburg, Köln und weiterer, auch europäischer,
Städte. Dieses Informationsangebot soll schrittweise noch stärker ausgebaut werden.

Yahoo.de
http://www.yahoo.de/
Der deutsche Ableger des amerikanischen Suchdienstes bietet Informationen auch in deutscher Sprache an.

Neben der Suchfunktion können auch die neuesten Agentur-Mel-
dungen und Aktuelles aus den Bereichen Politik und Wirtschaft ebenso
wie Kultur, Sport und Vermischtes abgefragt werden. Auch die vollstän-
digen Artikel stehen kostenlos zur Verfügung. Die Adresse lautet
http://www.yahoo.de/schlagzeilen/.

Weitere deutschsprachige Systeme findet man unter den Adressen:

http://www.acoon.de
http://www.dino-online.de
http://www.infoseek.de
http://www.suchen.de
http://www.web.de

8.1.3 Internationale Suchsysteme

Beispiele für bekannte internationale Search-Engines sind Altavista
(http://www.altavista.com), Google (http://www.google.com), Infoseek (http:/
/www.infoseek.com), Excite (http://www.excite.com) oder das Suchsystem
der Wired Company: Hotbot (http://www.hotbot.com).

8.1.4 Medizinische Suchsysteme

Deutsche Datenquellen Medizin – Frankfurter Index
http://www.dr-antonius.de
Der Frankfurter Index ist eine umfassende Sammlung deutscher Datenquellen im Bereich der Medizin. Zu nahezu jedem Themengebiet finden

sich hier die entsprechenden Hyperlinks. Dieser Index eignet sich daher ganz besonders, wenn man nach bestimmten deutschsprachigen Themen sucht.

Deutsche Zentralbibliothek für Medizin
http://www.zbmed.de
Bei der deutschen Zentralbibliothek für Medizin können Bestellungen von Aufsatzkopien gebührenpflichtig durchgeführt werden. Außerdem bietet die Zentralbibliothek den Zugang zum OPAC (= Online Public Access Catalog) der ZBMed, dem Online-Benutzerkatalog der Deutschen Zentralbibliothek für Medizin. Im Katalog sind enthalten:

- Monographien, darunter auch Reports, amtliches und halbamtliches Schrifttum, Firmenschriften, Normen und Standards,
- Dissertationen und Habilitationsschriften,
- Kongreßveröffentlichungen, die als Monographie oder in Zeitschrif tenheften oder Zeitschriftensupplementen erschienen sind,
- Zeitschriftensupplemente, die einen eigenen Titel haben und
- Zeitschriften.

Die Bestellgebühren für Artikel betragen für eine „Normalbearbeitung" DM 8,- und reichen bis zu DM 48,- für Bestellungen mit Eilbearbeitung aus dem Ausland. Die Gebührenübersicht kann auch online unter der oben genannten Adresse abgerufen werden.

Einstiegspunkte für Internet-Recherchen

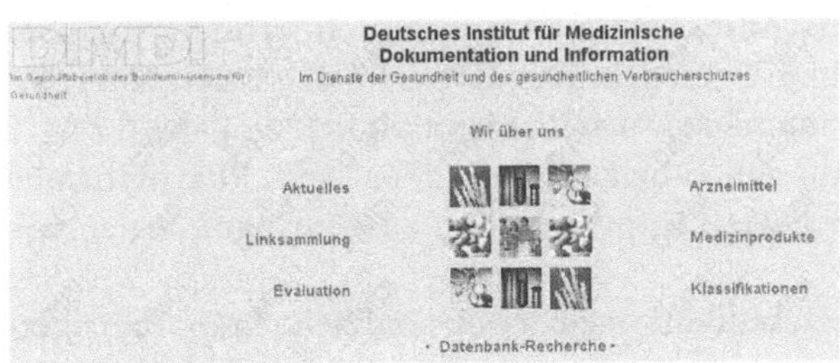

http://www.dimdi.de

DIMDI
Das Deutsche Institut für Medizinische Dokumentation und Information bietet einen hochaktuellen Datenbankdienst, der allerdings zum

Teil nur mit User Code für registrierte Nutzer zugänglich ist. Über die Funktion Helpdesk auf der Homepage kann das DIMDI per E-Mail erreicht werden.

Gelbe Liste Pharmindex
http://www.gelbe-liste.de

Die Gelbe Liste ist als umfassende Informationsquelle über die in Deutschland häufig verordneten Arzneimittel in der täglichen Arztpraxis etabliert und als wichtiges Nachschlagewerk nicht mehr wegzudenken. Dieses aktuelle Standardwerk mit den Basisinformationen der Arzneimittel, den neuesten Preisen, Festbeträgen etc. ist nun auch online abrufbar. Somit ist es dem Arzt möglich, sich noch schneller umfassend über die Arzneimittel aus der Gelben Liste zu informieren. Rund um das Arzneimittel bietet www.gelbe-liste.de tagesaktuell Informationen kostenlos an. Die gesamte Gelbe Liste Pharmindex präsentiert sich online recherchierbar mit folgenden Inhalten:

- Arzneimittel: Mehr als 32.000 Arzneimittel mit Basistexten, allen zur Verfügung stehenden Darreichungsformen und Preisen. Der Zugang zu den einzelnen Präparaten kann über unterschiedliche Einstiege erfolgen wie beispielsweise Namen, Indikationen, Arzneistoffe oder Hersteller.
- Arzneistoffe/Arzneipflanzen: In diesem Verzeichnis sind chemisch definierte Wirkstoffe mit den entsprechenden Monopräparaten aufgelistet.
- BtM-VV: Stichwortartige Zusammenfassung der wichtigsten Punkte und Änderungen der betäubungsmittelrechtlichen Vorschriften.
- Herstellerverzeichnis: Adressen und Arzneimittelsortiment von über 500 pharmazeutischen Unternehmen. Hyperlinks zu den Internet-Seiten dieser Unternehmen sind selbstverständlich eingebaut.
- Infoservice: Direkt aus den Rubriken „Hersteller" und „Pharmafirmen Online" können per E-Mail Informationen zu Pharmaunternehmen abgerufen werden.
- Neuzulassungen: Nach Indikationsgruppen sind neue Präparate übersichtlich aufgelistet.
- Redaktionsservice: Treten Fragen auf, ist die Redaktion der Gelben Liste per E-Mail zu erreichen.
- Bestellservice: Sichern Sie sich bei Online-Bestellung den Online-Rabatt von 10%.

- Gelbe Liste für Windows: Ein kostenloser Download der Demoversion
  ist möglich.
- MediMedia: Hier kann das Informationsangebot vom Praxisservice
  und intermed video mit aktuellen Abrechnungstips und Fortbildungs-
  themen genutzt werden.

Das gesamte Informationsangebot der Gelben Liste Pharmindex Online ist
exklusiv für die geschlossene Benutzergruppe Ärzte. Interessierte Ärzte
erhalten jederzeit kostenlos Zugang und Paßwort über redaktion@mmi.de.

Infomed
http://www.infomed.org/hotlist/medline.html
Infomed ist ein Unternehmen, das sorgfältig ausgewählte medizinische
Informationen vermittelt. Im Vordergrund stehen Berichte über Arzneimittel. So veröffentlicht Infomed seit bald 18 Jahren die pharma-
kritik. Über ein Hyperlink kann man hier die 100 wichtigsten Medikamente abfragen.

Die Infomed Internet-Site gibt über die Aktivitäten von Infomed
eine Übersicht. Hier kann man Ausschnitte aus den Infomed Publikationen aufrufen und lesen, außerdem erhält man über Infomed Links
http://www.infomed.org/links.html sehr wertvolle Hinweise auf andere
wichtige, einschlägige Sites und Datenbanken.

Insbesondere sei eine Auflistung aller verfügbaren MEDLINE-Zugänge genannt (siehe unten: MEDLINE Rating). Die einzelnen Angebote werden mit ihren Preisen und Leistungen vorgestellt und bieten eine
ideale Orientierungshilfe.

HealthWeb am IMSDD Bonn
http://imsdd.meb.uni-bonn.de/virtual/healthweb.de.html
Ähnlich wie der Frankfurter Index bietet auch das HealthWeb eine sehr
gute Übersicht über deutsche Datenquellen. Von hier aus kann man sich
zusätzlich auf einen Server klicken, welcher medizinische Diskussionsgruppen bereithält. Der Server versucht Cookies zu setzen.

Medizin.de – Medizinindex Deutschland

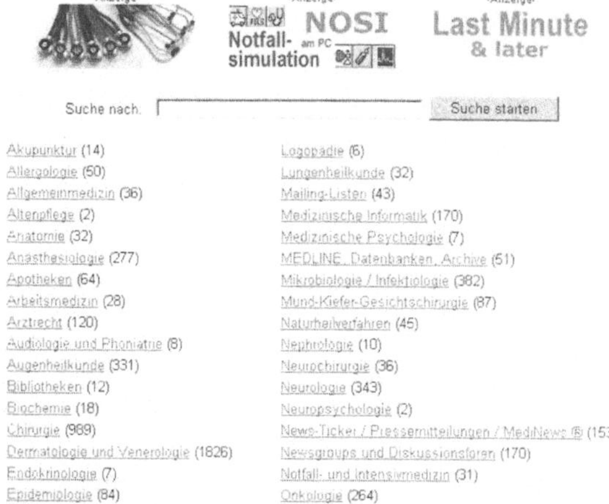

Die ideale Einstiegsseite für eine Recherche im medizinischen Bereich ist die Datenbank des Medizinindex Deutschland unter der Adresse http://www.medizin.de.

Dieser medizinische Suchkatalog bietet schon seit seinem Start Tausende von Links, die auch per Stichworteingabe durchsucht werden können. 58 medizinische Fachbereiche sind mit Fachwissen vorbildlich gegliedert und aphabetisch sortiert.

Die Kategorien sind „Arztpraxen, Institutionen und Verbände, Kliniken, Kongresse, Krankheiten, MEDLINE, Patienteninformationen und Selbsthilfegruppen, Studium, Mailinglisten, Newsgroups und Diskussionsforen, Newsticker und Zeitschriften".

Firmeneinträge sind bislang nach den Kategorien „Bedarfs- und Verbrauchsartikel, Berufsbekleidung, Datenbanken, Krankenversicherungen, Labortechnik, Medizintechnik, Online-/Internet-Dienste, Pharmazie, Software und Verlage" gegliedert.

MEDLINE Rating
http://www.infomed.org/hotlist/medline.html
Unter dieser Adresse bietet INFOMED eine Liste der verschiedenen
Medline-Anbieter und ihrer Preise. Zum Einstieg für Literatur-Recher-
chen ist diese Seite sehr empfehlenswert, da ein umfassender Überblick
möglich ist. Die kostenfreien Angebote lassen sich auf diese Weise sehr
leicht ausfindig machen.

MedWeb: Electronic Newsletters and Journals
http://www.rz.uni-duesseldorf.de/WWW/MedFak/Orthopaedie/journal/
medweb_e.htm
Diese Seite enthält wie fast alle Listen nur einen geringen Anteil an eigenem
Inhalt. Dennoch ist sie insbesondere für denjenigen von Interesse, der in
erster Linie Hyperlinks und Quellen sucht.

MedWeb
http://www.medweb.emory.edu/medweb
Startseite der Emory University Health Sciences Center Library.

MEDWORLD
http://www-med.stanford.edu/school/MedWorld/research_journals.html
Eine der ausführlichsten Listen von im Internet verfügbaren Journalen.
Dieses Angebot kann hervorragend als Ausgangsbasis für eine Recherche in bestimmten Zeitschriften dienen.

Pharmazeutische Links und Home Pages (Uni-Frankfurt)
http://www.uni-frankfurt.de/~garrit/biowelt/pharmalinks.html
Hier finden sich einige wertvolle Verknüpfungen insbesondere auch zu
anderen Pharma-Listen, Homepages und Newsgroups.

Virtual Library
http://www.ohsu.edu/cliniweb/wwwvl/
Die Virtual Library ist eine weit über 100 kB große Hyperlinkliste der
bedeutendsten medizinischen Inhalte auf dem Internet. Die gesamte
Liste kann auf die eigene Festplatte kopiert werden und so zum Aus-
gangspunkt für die Erforschung des Internet dienen.

8.1.5 Metacrawler

Accufind

http://www.nln.com

Accufind liefert eine Auflistung nach folgenden Themengebieten: Hot, Books, Business, Government, Law, News, Reference, Shopping, Technical und auch Medical. Diese Vorauswahl ist bei der Benutzung von Accufind durchaus sinnvoll, da dadurch wertvolle Zeit eingespart werden kann. Wählt man „Medical" aus, so erhält man in einem Pull Down Menü verschiedene detailliertere Suchkriterien. U.a. wird auch hier das Virtual Hospital als eine übergeordnete Referenzadresse zu medizinischen Fragen angegeben. Ferner gibt es einen Health World Store, die Health World Search, Health World Books sowie eine Multimedia Medical Reference Library. Zum Auffinden medizinischer Informationen ist diese Suchmaschine daher recht empfehlenswert, da man eine relativ genaue Vorauswahl treffen kann, wo man gerne suchen möchte.

Go2Net

http://www.go2net.com

Der Metacrawler ermöglicht die Auswahl zwischen einer schnellen und einer kompletten Suche. Wählt man die komlette Suche, so kann diese Aktion allerdings einige Zeit in Anspruch nehmen, da die diversen Suchmaschinen nacheinander angesteuert werden.

Inference

http://www.inference.com/

Inference rühmt sich, die besten internationalen Suchmaschinen parallel aufzurufen und redundante Information zu vermeiden. Außerdem wird eine Gruppierung nach Themengebieten vorgenommen, was zusätzlich die Effektivität der Suche steigert.

MESA

Unter http://mesa.rrzn.uni-hannover.de/ verbirgt sich ein Metacrawler für E-Mail-Adressen, mit dessen Hilfe sämtliche relevanten Adreßverzeichnisse des Internet durchforstet werden können.

MetaGer

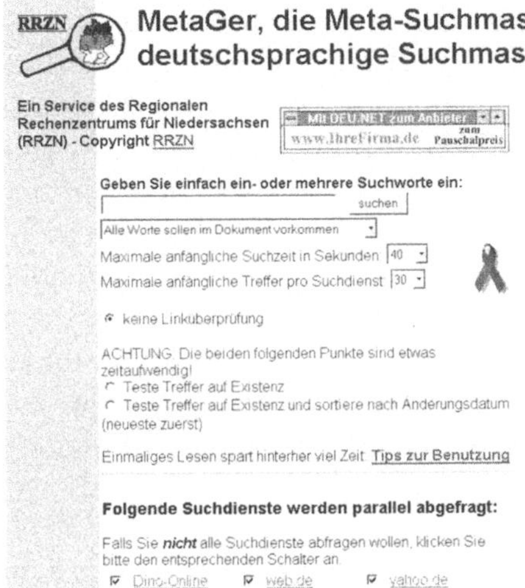

http://meta.rrzn.uni-hannover.de/
MetaGer ist die Suchmaschine über die deutschsprachigen Suchmaschinen
und wird von der Universität Hannover beherbergt. Von hier aus können
fast alle deutschen Suchmaschinen angesteuert und abgefragt werden.

8.2 Datenbanken

Notwendigkeit
Die Fülle medizinischer Publikationen macht es für den einzelnen
unmöglich, sämtliche Informationen zu seinem Arbeitsgebiet perma-
nent einholen zu können. Täglich erscheinen mehrere hundert Artikel
in wissenschaftlichen Zeitschriften. Diese Tatsache verdeutlicht, weshalb
es nötig ist, die angebotene Information zu selektieren, zu gliedern, zu
komprimieren und in geeigneter Weise verfügbar zu machen. Einen
Beitrag, dieses Ziel zu erreichen, leisten z.B. Zeitschriften, die lediglich die
neuesten Abstracts oder sogar nur Abstracts von Abstracts zu bestimmten
Fachbereichen veröffentlichen. Aber auch hier bleibt ein Problem bestehen:
Es ist kaum möglich, in sehr kurzer Zeit zu einem bestimmten Stichwort
einen umfassenden Überblick über das gesamte vorhandene Material zu
bekommen. Abhilfe können hierbei Datenbanken schaffen.

Funktionsweise
Fast sämtliche Daten liegen heute auch bereits in elektronischer Form vor. Die Aufgabe einer Datenbank besteht nun darin, die gewünschten Informationen durch einfache Suchroutinen zugänglich und wiederauffindbar zu machen. Entscheidend hierbei ist die sinnvolle Indizierung der Datenbankinhalte. Durch die Anwendung sogenannter RetrievalSprachen läßt sich eine Datenbank nach bestimmten Kriterien durchsuchen. Verwendet werden hierbei Kommandos wie „find" oder Verknüpfungen wie „and" oder „or". Da es verschiedene Retrieval-Sprachen gibt, ist die Arbeit mit einer Datenbank zunächst mit einem mehr oder weniger aufwendigen (und ggf. teuren) Lernprozeß verbunden. Doch wo findet man überhaupt die richtige Datenbank? Um dieses Problem lösen zu können, gibt es Datenbanken, die Informationen über Datenbanken zur Verfügung stellen. Ein sehr geeignetes Beispiel ist hier die „Knowledge Index"-Datenbank (KI) oder IQUEST von CompuServe. Diese Datenbanken halten Informationen über die mehr als 2000 Datenbanken bereit, die von CompuServe aus zugänglich sind. Aus dem CompuServe Menü sind sie durch die Befehle „GO KI" bzw. „GO IQUEST" aufrufbar. Will man Datenbanken nicht über einen der Online-Dienste abfragen, so ist eine Registrierung beim Datenbankbetreiber erforderlich. Derartige Registrierungen sind häufig mit einer monatlichen Grundgebühr und bestimmten Nutzungsgebühren verbunden.

Arten von Datenbanken
Abhängig von der Strukturierung und Indizierung der bereitgestellten Information lassen sich verschiedene Typen von Datenbanken darstellen. Volltextdatenbanken stellen, wie der Name schon sagt, den gesamten Text einer Veröffentlichung zur Verfügung. Daneben gibt es Datenbanken wie z.B. MEDLINE („GO PCH" in CompuServe), die nur die Abstracts der Publikationen enthalten. Andere Datenbanken begnügen sich mit der Angabe des Titels, Autors und Jahrgangs der entsprechenden Fundstelle. Je nach Art der Datenbank sind die Suchstrategien sowie der Einsatz von Retrieval-Sprachen unterschiedlich.

Qualität
Die Qualität einer Datenbank läßt sich nach den Kriterien Güte der Rechercheergebnisse, Geschwindigkeit und Kostenaufwand einteilen. Die Güte der Rechercheergebnisse hängt davon ab, wie relevant und wie vollständig die Ergebnisse einer bestimmten Suche sind. Dabei ist vor

allem die Vollständigkeit der gesuchten Informationen wichtig. Durch gute Retrieval-Systeme und mit entsprechender Rechercheerfahrung läßt sich meist eine gute Erfolgsquote erzielen.

Kosten

Datenbankrecherchen sind in der Regel sehr teuer. Bei IQUEST z.B. kostet jeder Suchvorgang US-$9. Dies kann unter Umständen zu sehr unangenehmen Überraschungen führen, da sich pro Stunde leicht 30 bis 40 Suchvorgänge durchführen lassen. Ein wichtiger Tip bei der Benutzung von Datenbanken ist daher, sich vor der ersten Recherche den sogenannten Pricing Plan zu laden, der detaillierte Informationen über die Kostenstruktur der jeweiligen Datenbank enthält. Dieser Plan kann nach dem Herunterladen auf den eigenen Computer in Ruhe offline studiert werden.

Eine kostengünstigere aber auch weniger umfangreiche Alternative zu IQUEST stellt KI (Knowledge Index) dar. Diese Datenbank ist von CompuServe aus in der Zeit von 18.00 Uhr bis 5.00 Uhr sowie an Wochenenden zugänglich und kostet DM 36 pro Stunde. In diesem Betrag ist die Datenbankgebühr der angesteuerten Datenbank dann bereits enthalten, weshalb der Weg über KI fast immer lohnend ist. Um Kosten zu sparen, empfiehlt es sich, die genaue Schreibweise der gesuchten Stichworte vorzubereiten. Hierzu eigenen sich Online-Nachschlagewerke wie das Bertelsmannlexikon unter „GO BEPLEXIKON".

8.3 MEDLINE

8.3.1 Allgemeines

Die Medline-Datenbank ist eine der wichtigsten Datenbanken für den Mediziner. Sämtliche Veröffentlichungen aus dem Medizinbereich können hier mit schlagkräftigen Suchwerkzeugen nachgeschlagen werden. Die Online-Datenbank bietet somit eine zeitsparende und umfassende Recherchemöglichkeit fast zum Nulltarif. Durch die hohe Aktualität, welche die Medline-Datenbank im Vergleich zur Diskettenversion bietet, liefert gerade diese Anwendung ein gutes Argument für einen Internet-Anschluß.

Die Medline-Datenbank wird im Internet von mehreren Anbietern zugänglich gemacht. Dabei sind die Suchmöglichkeiten unterschiedlich umfangreich und unterschiedlich teuer.

Unter der im Punkt 8.1.4 genannten Adresse http://www.infomed.org/ hotlist/medline.html lassen sich im Rahmen eines Medline-Rating die einzelnen Anbieter sowie deren Leistungs- und Kostenstruktur abfragen. Kostenfreie Medline-Zugänge sind meist von einem Sponsor unterstützt, erlauben jedoch meist keine Volltextrecherche. Allerdings sind auch die verfügbaren Abstracts durch ihre Ausführlichkeit sehr häufig ausreichend.

8.3.2 Arbeiten mit MEDLINE

Ein kostenfreies und allgemein zugängliches Medline-Angebot findet sich beispielsweise unter: http://www.ncbi.nlm.nih.gov/PubMed/

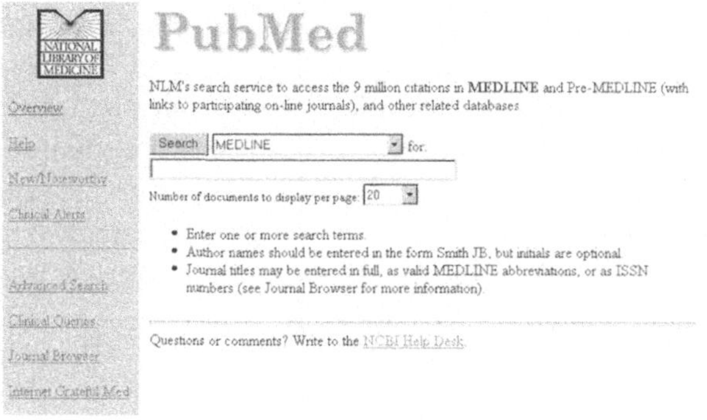

Abb. 8.1: Homepage des PubMed Medline-Angebots im Internet

PubMed ist ein Service des National Center for Biotechnology Information (NCBI) der National Library of Medicine (NLM). Mittels PubMed läßt sich die gesamte Medline wie auch die sogenannten Pre-Medline Veröffentlichungen mit Links zu den entsprechenden Journalen durchsuchen.

8.3.2.1 Einfache Suche (Basic PubMed Search)
Um die einfache PubMed-Suche zu starten genügt es, den gesuchten Ausdruck in die Eingabezeile zu schreiben und den Instruktionen auf dem Bildschirm zu folgen:

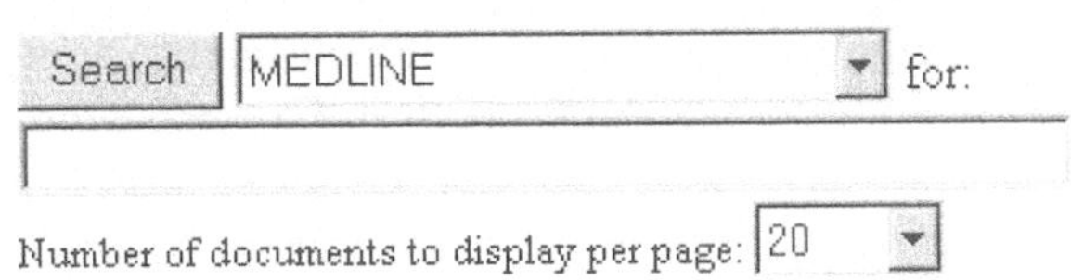

Abb. 8.2: Eingabezeile für „Einfache Suche" in Medline

- Man kann hier einen oder mehrere Suchausdrücke durch Leerzeichen getrennt eingeben und festlegen, wieviele der gefundenen Dokumente pro Seite dargestellt werden sollen.
- Titel von Journalen können in voller Länge, als internationale Abkürzung oder als ISSN (International Standard Script Number) angegeben werden.
- Namen von Autoren sollten in der Form Mayer AB eingegeben werden, wobei die Initialen nicht unbedingt notwendig sind.
- Am Ende des Eingabewortes sind auch Platzhalter (*) erlaubt. Die Eingabe pneu* liefert also auch pneumonia und pneumothorax etc. Wenn allerdings eine derartige Eingabe zu viele Ergebnisse liefern würde, wird die Suche nicht durchgeführt und man erhält eine Fehlermeldung.
- Wird eine ganz bestimmte Buchstabenabfolge gesucht, so kann dies durch die Verwendung von Anführungszeichen „" geschehen. Dabei ist zu beachten, daß nur Gruppierungen gefunden werden können, die auch in der vorgegebenen Form indiziert sind.
- Leerzeichen werden durch das Programm durch AND logisch verknüpft.
- AND, OR und NOT sind zulässig.
- Alle Features der Advanced Search sind auch hier zulässig (aber der Übersichtlichkeit halber versteckt).

Zum Start der Suche wird „Search" angeklickt. Es erscheint eine Seite, welche die Suchergebnisse in der vorher festgelegten Anzahl darstellt.

8.3.2.2 Advanced Search
Um in den Bereich der Advanced Search zu gelangen, klickt man Advanced Search auf der PubMed Homepage. Die Advanced Search erlaubt eine sehr detaillierte Suche nach den verschiedensten Suchkriterien. Dazu wurden die sog. Search Fields eingerichtet.

Die Eingabe kann zwar auch wie bei der Basic Search (siehe oben) erfolgen. Zusätzlich kann man jedoch Search Field und Search Mode bestimmen.

Search Fields (Suchkriterien)
In der Datenbank gibt es einige Search Fields, die hier inclusive ihrer Abkürzungen beschrieben werden. Wenn man das Search Field nicht über das Pull Down Menü eingeben will, welches unmittelbar nach Aufrufen der Advanced Search erscheint, kann man das gewünschte Feld auch unmittelbar hinter den gesuchten Ausdruck in Klammern schreiben. So lassen sich auch komplexe Suchaufträge mit vielen verschiedenen Search Fields zusammenstellen. Medline weiß dann genau, wonach man sucht.

Hier eine detaillierte Aufstellung aller zur Verfügung stehenden Suchkriterien (Search Fields):

- Affiliation [AD, AFFL]: Hinweis auf die Institution, der der Primärautor angehört.
- All Fields [ALL]: Sämtliche möglichen Felder.
- Author Name [AU, AUTH]: Liste der in der Veröffentlichung genannnten Autoren. Die Autoren werden immer in gleicher Weise genannt: Nachname, Leerzeichen, erste und zweite Initiale ohne Punkt. Die Initialen müssen bei der Suche nicht angegeben werden.
- C. Number [RN, ECNO]: Nummer, die von der Enzyme Commission zur Bezeichnung bestimmter Enzyme vergeben wird. Dieses Feld enthält auch die CAS Registry Nummern.
- Journal Title [TA, JOUR]: Name des Journals, in dem die Veröffentlichung erfolgte. Die Namen der Journale sind in Originallänge, in der gängigen Abkürzung und als ISSN Nummer gespeichert. Unter „List Terms" lassen sich die Abkürzungen nachsehen.
- Language [LA, LANG]: Sprache der Veröffentlichung. Viele Artikel haben allerdings englische Abstracts.
- MeSH Major Topic [MAJR]: Indizierte Bezeichnungen.
- MeSH Terms [MH, MESH]: Jede Medline Veröffentlichung enthält eine Reihe von MeSH-Schlagworten für die Indizierung, welche in Beziehung zum Thema der Veröffentlichung stehen. So können auch Artikel gefunden werden, die im Titel nicht alle Schlagworte enthalten, die auf den Artikel zutreffen könnten.

- Modification Date [MDAT]: Datum der Veröffentlichung in Medline. JJ/MM/TT.
- Page Number [PAGE]: Seite im Journal, auf der der Artikel beginnt.
- Publication Date [DP, PDAT]: Publikationsdatum JJJJ/MM/TT.
- Publication Type [PT, PTYP]: Art und Präsentationsform des jeweiligen Artikels.
- Substance [NM, SUBS]: Chemikalienname entspechend des Chemical Abstract Service (CAS).
- Text Words [TW, WORD]: Worte in Titel und Abstract sowie MeSH-Terms und chemische Substanznamen.
- Title Words [TI, TITL]: Worte, die sich im Titel befinden.
- Volume [VI, VOL]: Volume des Journals, in welchem der gesuchte Artikel publiziert wurde.
- Medline ID [UI, MUID]: MEDLINE unique identifier einer Veröffentlichung.
- PubMed ID [PMID]: PubMed unique identifier.

Search Mode
Search Mode bietet zwei Alternativen:

- Automatic (keine weiteren Einstellungen notwendig)
- List Term

In der List Term Einstellung lassen sich Begriffe des gewählten Search Fields auflisten, die in Zusammenhang mit dem eingegebenen Begriff stehen. Hierzu wird zunächst der Begriff eingegeben, der List Term Modus eingestellt und anschließend Select angeklickt.

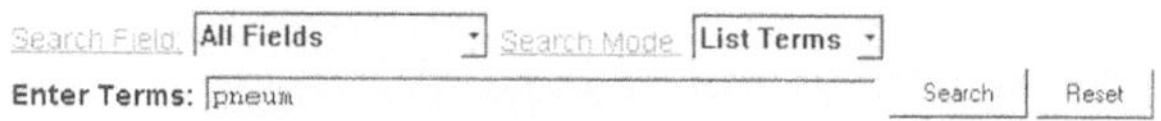

Abb. 8.3: Eingabe des Begriffs Pneum im List Term Mode

Das Ergebnis der List Term Suche ist:

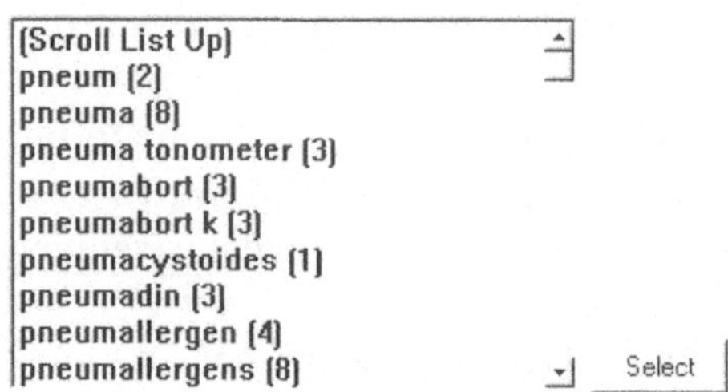

Abb. 8.4: Auflistung assoziierter Begriffe und Anzahl der zum jeweiligen Begriff vorhandenen Artikel

Alle gewünschten Begriffe können nun durch Anklicken zu Suchkriterien werden. List Term erlaubt daher indirekt, die Begriffe im MeSH oder auch in allen anderen Search Fields zu durchforsten und der Suche anzugliedern.

BEISPIEL:
Wählt man Advanced Search auf der Homepage (Abb. 8.5), erscheint zunächst:

Advanced MEDLINE Search

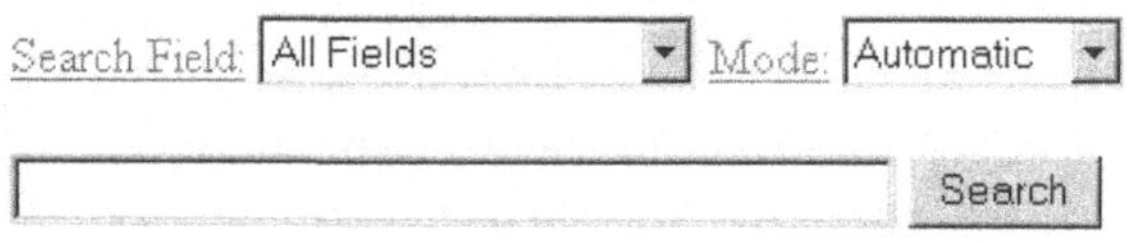

Abb. 8.5: Advanced Search Menü

In diesem Beispiel soll nun nach einem Autor gesucht werden. Hierzu wird das „Search Field" angeklickt und festgelegt, daß ein Autorenname eingegeben werden soll. Das List Term Feld bleibt auf Automatic.

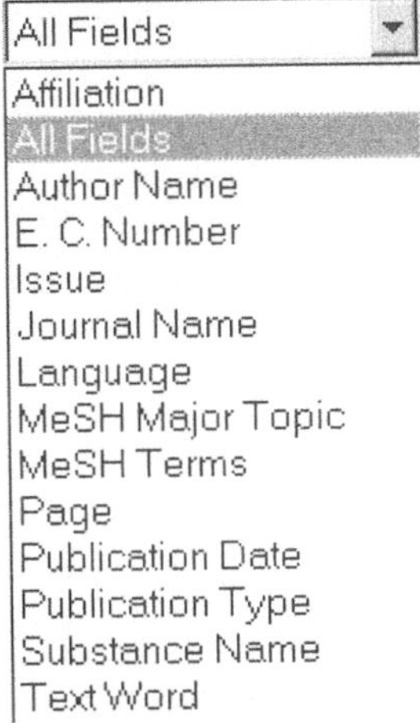

Abb. 8.6: Auswahl des zu suchenden Objektes (Autor) in der Advanced Search

Als Search Mode wird „Automatic" gewählt. Anschließend wird der gesuchte Autorenname eingegeben. Vor dem Start der Suche durch Klicken auf Search sieht das Fenster wie folgt aus:

Advanced MEDLINE Search

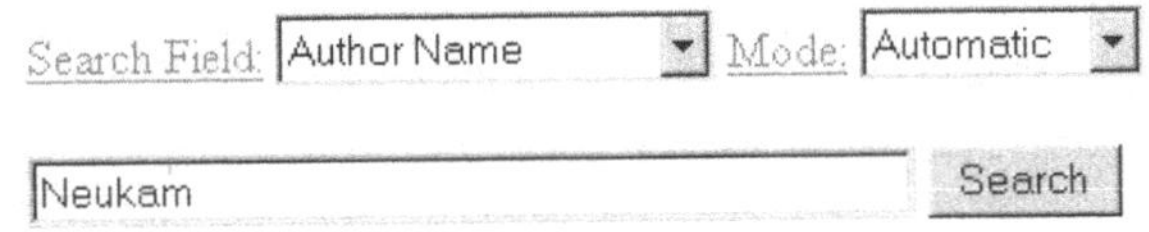

Abb. 8.7: Fertige Eingabe. Suche kann durck Klicken auf Search gestartet werden

Das Suchergebnis erscheint:

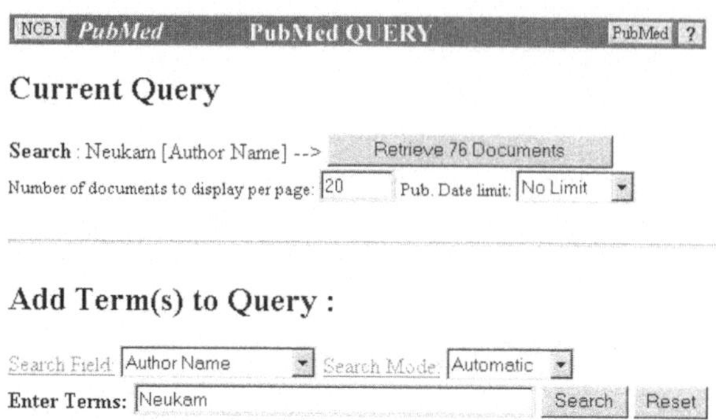

Abb. 8.8: Erstes Teilergebnis der Autorensuche

Das erste Teilergebnis der Autorensuche liefert 76 Fundstellen. An dieser Stelle können abermals weitere Begriffe an die Suche angehängt werden, um die Anzahl der Ergebnisse weiter einzuschränken. Dabei würde man wie oben beschrieben vorgehen. Ist dies nicht gewünscht oder möglich, kann auch eine zeitliche Einschränkung über ein Pull Down Menü zum Publication Date Limit erfolgen. Hierbei stehen verschiedene Abstufungen zur Verfügung.

Abb. 8.9: Einschränkungsmöglichkeit der Suche über das Veröffentlichungsdatum

Nachdem ein Limit von einem Jahr gesetzt wurde, und die Anzahl der aufzulistenden Dokumente bestimmt ist (in diesem Fall 20), kann schließlich noch die Darstellungsform der Auflistung angegeben werden.

NCBI *PubMed*   **PubMed QUERY**   PubMed ?

Neukam [Author Name]   Search   Reset

Docs Per Page: 20 ▼ Pub. Date limit: 1 Year ▼

Display   Abstract report ▼ for the articles selected (default all).

☐ Berding G, 1996   [See Related Articles]
  Bone SPECT of the jaws after fracture, onlay osteoplasty of insertion of implants
  Nuklearmedizin 35(5), 156-163 (1996)

Abb. 8.10: Auswahl der Darstellungsform der Auflistung als Abstract

Das Ergebnis der Suche ist:

NCBI *PubMed*   **PubMed QUERY**   PubMed ?

Other Formats: [MEDLINE]
Links: [Related Articles]

Nuklearmedizin 1996 Oct;35(5):156-163

Bone SPECT of the jaws after fracture, onlay osteoplasty of insertion of implants.

[Article in German]

Berding G, Schliephake H, Neumann G, Schmelzeisen R, Neukam FW, Meyer GJ, Gratz KF, Hundeshagen H

Abteilung für Nuklearmedizin und spezielle Biophysik, Medizinische Hochschule Hannover, Deutschland.

AIM: The aim of this study was early differentiation between uncomplicated and complicated processes of healing in the jaw using bone SPECT. METHODS: Investigations were performed in 40 mandibular fractures and 26 jaws after onlay osteoplasty as well as secondary insertion of implants. Bone SPECT was carried out within 1-2 months and after approximately 4-5 months. The uptake in the jaw was assessed semi-quantitatively using ROI analysis. RESULTS: Fractures with uncomplicated healing showed a decrease of uptake in follow-up, whereas fractures with an infection in the later course showed an increase, resulting in a significantly higher uptake at the follow-up investigation for the latter group. 1-2 months after

Abb. 8.11: Suchergebnis mit Abstract

Von hier aus ist es möglich, vergleichbare Artikel aufzurufen. Der dargestellte Report läßt sich nun auf die eigene Festplatte sichern. Hierzu muß lediglich das gewünscht Format eingestellt werden:

Save   the above report in PC ▼   Text ▼ format.
                                Macintosh
                                PC
                                UNIX

Abb. 8.12: Sichern des Reports

8.3.2.3 Weitere Suchmöglichkeiten

Journale
Medizinische Journale lassen sich zum einen wie oben beschrieben direkt von der Homepage über die Basic Search suchen, zum anderen steht mit dem „Journal Browser" ein spezieller Menüpunkt auf der Startseite von PubMed (s. Abb. 8.1) zur Verfügung.

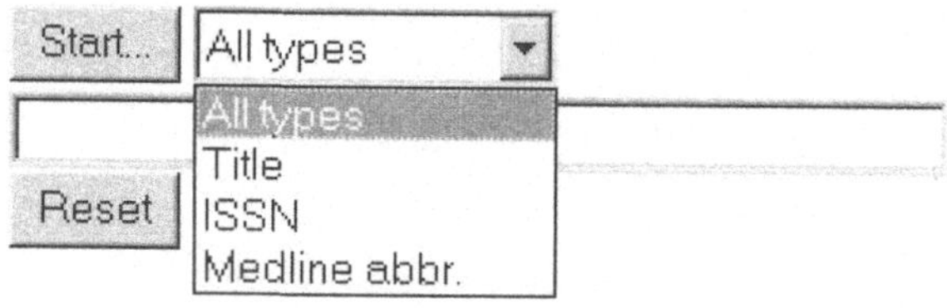

Abb. 8.13: Auswahl im Journal Browser

Auch bei diesem Suchmodus ist die Verwendung von Wildcards (*) zulässig. Die Auswahl von „All Types" bzw. „Title" und Eingabe von „Br Med" fördert folgendes Ergebnis zutage:

Found 2 journal(s)

Title	ISSN	Medline abbr.
BRITISH MEDICAL JOURNAL [CLINICAL RESEARCH ED]	0267-0623	Br Med J (Clin Res Ed)
BRITISH MEDICAL JOURNAL	0007-1447	Br Med J

Please enter the journal name, MEDLINE abbreviation, or ISSN that you wish to look up. If you do not know the whole name, enter the words that you do know. You may use the symbol '*' to stand for any characters, or '?' to stand for a single character. For example: "engl*" would match England, English, etc. Case is unimportant.

Title ▾ British Medical Journal   Clear

Start...

Abb. 8.14: Ergebnis der Suche nach Journalen

Klinische Studien
Eine besondere Suchmöglichkeit bietet der Punkt „Clinical Queries". Dieser Suchmodus ist insbesondere für den Kliniker interessant, um sich über den Stand klinischer Forschung zu informieren.

Abb. 8.15: Die Suchfunktion „Clinical Queries" ermöglicht eine schnelle Orientierung über laufende Studien.

Als Grundeinstellung für die Suche können die Kategorien Therapie, Diagnose, Ethiologie und Prognose eingestellt werden. Außerdem wird festgelegt, ob die Betonung auf der Spezifität oder der Sensitivität liegen soll.

Diese Suchmethode bietet aufgrund der Voreinstellungen eine effektive Hilfe zum Auffinden der gewünschten Studie.

Bei kostenpflichtigen Angeboten ist z.T. auch eine Volltextrecherche möglich. Eine Übersicht hierzu gibt ebenfalls das Medline Rating unter:
http://www.infomed.org/hotlist/medline.html

9 Internet für Mediziner

9.1 Sinn und Zweck eines Internet-Zugangs

Die Halbwertszeit medizinischen Wissens verkürzt sich zusehends. Es ergeben sich nicht nur in kürzeren Zeitabständen neue Erkenntnisse, sondern diese Erkenntnisse können auch mit wesentlich geringerer Verzögerung für die Fachwelt zugänglich gemacht werden. Das Internet ist ein Instrument, das zum Erreichen dieses Zieles beiträgt. Innerhalb der News-Groups können Forschungsergebnisse und Therapievorschläge in Echtzeit weltweit kommuniziert werden. Außerdem ist es möglich, zu nahezu jedem Themengebiet ausführliche Informationen zu erhalten. Dies kann über die angebotenen Suchsysteme oder direkt in medizinischen Datenbanken geschehen. Große Medienkonzerne aber auch renommierte Fachverlage haben sich zum Ziel gesetzt, die verfügbaren Daten aufzuarbeiten, zu evaluieren und online bereitzustellen. Damit soll die Verläßlichkeit der angebotenen Information beibehalten werden.

Online-Systeme ermöglichen auch, daß sich der interessierte Bürger umfassend über sein Krankheitsbild informiert. Deshalb ist es insbesondere für Studenten und jüngere Ärzte ratsam, sich frühzeitig mit der Thematik der effektiven Informationsbeschaffung auseinanderzusetzen. Denn wer in der Zukunft nicht schnell auf aktuelle Informationen zurückgreifen kann, könnte einen spürbaren Wettbewerbsnachteil erleiden.

9.2 Medizinisches Angebot

Es ist bereits heute nicht mehr möglich, sämtliche Angebote, welche das Internet bietet, im Rahmen einer Publikation darzustellen. Jeden Tag entstehen neue WWW-Seiten zu den verschiedensten medizinischen Themen. Die Benutzung der im Kapitel 8 angegebenen Suchsysteme ist daher bei der Suche nach bestimmten Veröffentlichungen oder Themengebieten sehr anzuraten.

9.3 Highlights

Dermatology-Online-Atlas (DOIA)

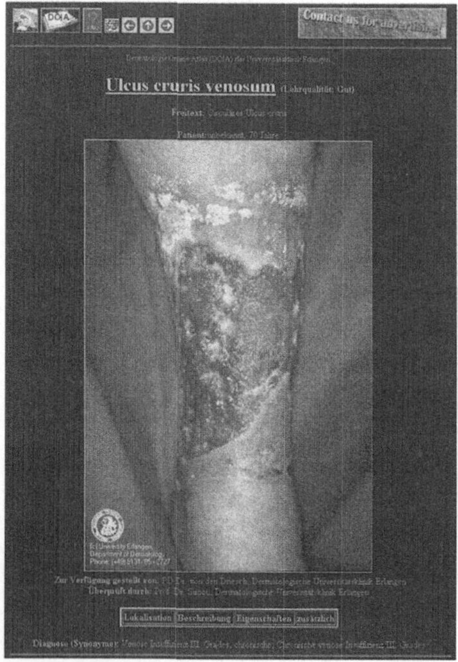

http://www.dermis.net/Index_d.htm
Dieses hochinteressante Dermatologie-Datenbank-Angebot entstand aus dem Bedürfnis heraus, ein Instrument zu schaffen, mit dem es möglich ist, sowohl zu lehren als auch bei speziellen Diagnosen Hilfestellung zu geben. Für jeden nur denkbaren dermatologischen Befund werden Referenzfotos zur Verfügung gestellt.

Eine Führung durch das System ist ebenfalls möglich. Dazu wird man aus einem seitlich angebrachten Frame geführt und kann z.B. Diagnosen als Text oder als ICD Code eingeben. Dieser Server ist einer der interessantesten Server im Bereich der Dermatologie weltweit. Eine CD-ROM-Version dieses Atlas für den PC ist beim Springer-Verlag erschienen und gerade für alle Internet-Nutzer mit niedriger Datenübertragungsrate sehr interessant.

Neben dem Abschnitt für Ärzte bietet DOIA auch ein Patienten-Informationssystem. Hier werden relevante Themen wie z.B. das Maligne Melanom behandelt. Dabei wird die Äthiologie, Lokalisation, Pathogenese und Prognose in einer für den Laien verständlichen Form beschrieben.

Außerdem erhält man Hinweise zur Prävention, zu frühen Warnsymptomen, Risikofaktoren sowie relevante Kontaktadressen. Ein Besuch des DOIA ist ein Muß für jeden Internetsurfer.

Emergency Medicine and Primary Care Home Page by EMBBS
http://www.embbs.com/
Eine hochinteressante Seite, die insbesondere von der hohen Qualität der medizinischen Bilder und Fallbeispiele lebt. Außerdem ist dieses Angebot mit einer sehr guten Suchmaschine ausgestattet. An speziellen Inhalten sind hier vorhanden: Sammlungen mit Hunderten von Röntgen- und CT-Bildern, herausfordernde klinische- und EKG-Fallbeispiele (z.B. das EKG des Monats), klinische Fotos aus dem offiziellen Verbandsjournal, Reviews von klinischen Themen, Toxicology Corner mit Diskussionen der New Yorker Giftzentrale und der Yale University, das Medical Software Showcase mit interessanter medizinischer Software sowie eine Übersicht über interessante Hyperlinks zum Thema Notfallmedizin und Telemedizin. Besonders erwähnenswert ist der sogenannte Megacode Simulator, mit dessen Hilfe interaktiv eine Patientenversorgung simuliert werden kann.

Aufgrund der zahlreichen Bilder ist die Downloadgeschwindigkeit teilweise etwas langsam. Empfehlenswert daher in erster Linie mit schnellem Netzzugang.

Example-Images of VOXEL-MAN

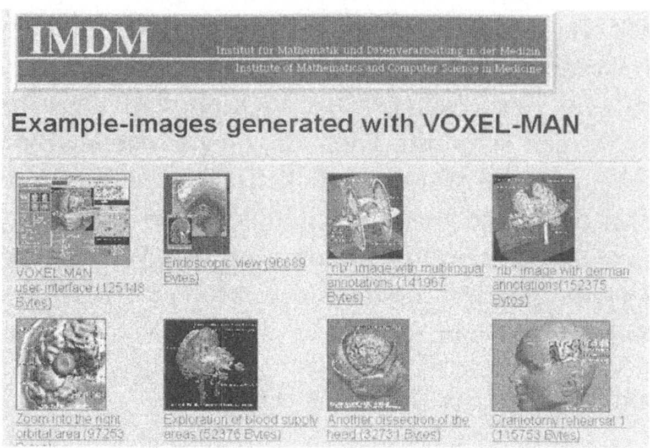

http://www.uke.uni-hamburg.de/Institute

Auf dieser Seite findet man ausgesprochen schöne Grafiken, die aus
dem Datensatz des Voxelman stammen. Zu sehen sind 3D-Grafiken von
Kopf und Rumpf in verschiedenen Schnitten und Lagen. Auch einzelne
Organe und Knochenstrukturen sind in den verschiedenen Grafiken
herausgehoben. Die farbigen Bilder demonstrieren sehr anschaulich,
wohin sich die Bildgebung in der Medizin einmal bewegen wird.

Frankfurter Index
http://www.dr-antonius.de/
Siehe Medizinische Suchsysteme.

Interactive Patient Homepage
http://medicus.marshall.edu/medicus.htm
WWW-Server der Marshall Universität, Huntington, West Virginia.
Beim virtuellen Patienten können Untersuchungsbefunde angefordert,
Fragen gestellt, Röntgenbilder angesehen werden etc. Die entsprechen-
den Patienten können von allen Seiten betrachtet werden. Verschiedene
Untersuchungsmethoden stehen zur Auswahl. Nicht alle führen jedoch
zum gewünschten Ziel. Die Untersuchungsergebnisse können auf
Wunsch von den jeweiligen Professoren der Universität als Lernkontrolle
verwendet werden.

Medizin.de – Medizinindex Deutschland
http//www.Medizin.de
Einer der umfangreichsten medizinischen Suchkataloge für deutschsprachige Inhalte. Siehe Medizinische Suchsysteme.

Virtual Hospital Home Page

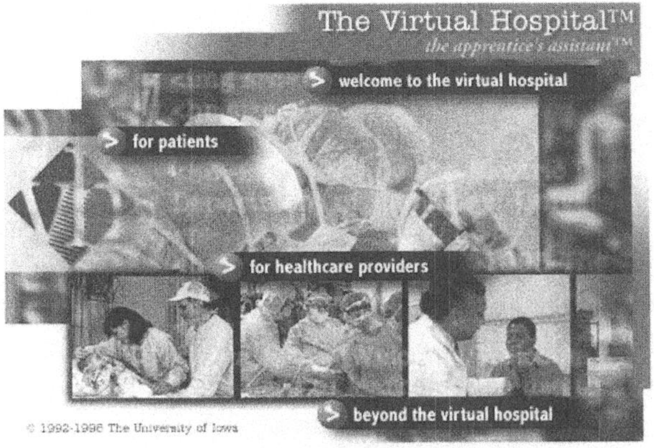

http://vh.radiology.uiowa.edu/
Die Homepage des Virtual Hospital ist eine der bekanntesten und besten Homepages im Internet. Die hier angebotenen Inhalte sind stark praktisch orientiert und von hoher klinischer Relevanz. Auch der Umfang des Angebots ist überwältigend. Das Virtual Hospital bietet ausgezeichnetes Lehrmaterial in Form von interaktiven Textbooks. Hier wird ein vorbildhaftes Beispiel einer hervorragenden Präsentation im Internet gegeben.

Visible Embryo
http://visembryo.com
Auf diesen Seiten kann man die ersten vier Wochen eines Embryos von der Befruchtung bis zum Somiten-Stadium verfolgen. Zur Überprüfung des individuellen Wissens ist ein kleiner Selbsttest eingebaut. Visible Embryo kann ein wertvolles Hilfsmittel insbesondere für Studenten sein.

The Visible Human Project

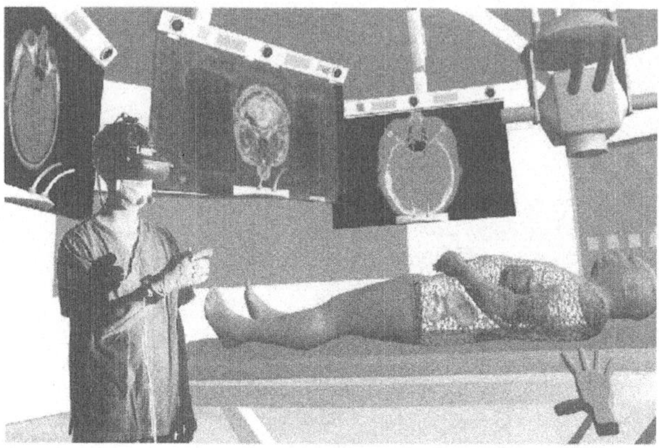

http://www.nlm.nih.gov/research/visible/visible_human.html
Das Visible Human Projekt ist ein bereits im Jahre 1986 gestartetes Projekt der amerikanischen National Library of Medicine zur Digitalisierung eines gesamten menschlichen Körpers. Ein zum Tode verurteilter Strafgefangener stellte seinen Körper für das Projekt zur Verfügung. Der gesamte Körper wurde nach Einbettung in einen Paraffinblock in insgesamt 1871 axiale Scheiben von 1 mm Dicke geschnitten. Jede dieser Scheiben wurde anschließend abfotografiert und mit Hochleistungsscannern digitalisiert.

Auf diese Weise steht nun ein kompletter digitaler Datensatz eines gesunden Mannes zur Verfügung, welcher eine Größe von ca. 7,5 MB besitzt. Dieser Datensatz stellt die Grundlage zahlreicher weiterer Projekte, wie dem Voxelman (Springer-Verlag) oder dem OP2000 (FHG Darmstadt http://www.igd.fhg.de/www/igd-a7/Projects/OP2000/images/OP2000.gif) dar. Die Verfügbarkeit des gesamten digitalen Datensatzes macht es möglich, daß sich einzelne Organe ausblenden lassen oder daß man sich mit Hilfe des Computers durch die Organe bewegen kann. Inzwischen wurde im Rahmen des Visible Human Projektes auch begonnen, einen weiblichen Körper zu digitalisieren. Hier soll mit axialen Schichtdicken von nur 0,33 mm gearbeitet werden, was eine noch höhere Auflösung ergibt. Die Fortschritte des Projektes können auch im Internet unter der oben genannten Adresse verfolgt werden. Diese WWW-Seite gehört bereits zu den Klassikern medizinischer Angebote im Internet.

9.4 Medizinische Internet-Dienste

Deutsches Gesundheitsforum

http://www.deutsches-gesundheitsforum.de

Das Deutsche Gesundheitsforum bietet ein breites Spektrum an Auswahl-
möglichkeiten. Themen wie Altersmedizin, Ernährung, Biologischer Schutz,
Prävention und medizinische Informationen rund ums Kind werden hier
in unterschiedlicher Tiefe abgehandelt.

Gesund Aktuell
http://www.gesund.aktuell.de/
Gesund Aktuell, ein Dienst der G. Braun Fachverlage, ist ein sehr attraktiv aufgemachtes Internetangebot für Mediziner und in erster Linie auch
Laien. Insbesondere werden hier die Bereiche Fitness und Wellness
abgehandelt. Andere Bereiche sind Kinder, Fun, For Docs Only, Sex,
Aktuell und Recherche. In allen Bereichen sind die Themen alphabetisch
geordnet und beinhalten z.B. im Abschnitt For Docs Only Infos zu
„Chemotherapie", „Designerdrogen", „Diphterie" „Rauchen" oder „Schmerz
und Hormone". Der Bereich Fit und Schön ist unterteilt in die Untergruppen
Fitness (z.B. Abhärtung, Allergie, Doping, Schuppenflechte, Wirbelsäulen-
probleme) und Beauty mit Themen wie „Der sympathische Atem", „Cellu-
litis", „Hitzeerkrankungen", „Nahrungsergänzung" usw. Im Abschnitt Sex
werden Schlagworte wie „Endometriose", „Harnwegsinfekte", „Impotenz",

„Schadstoffe in der Reizwäsche", „Sexueller Mißbrauch", „Verhütungshinweise" und Sexualstatistiken besprochen.

Alles in allem ist Gesund Aktuell ein sehr verbraucherorientierter und interessant aufgebauter Dienst.

CNN Health

http://cnn.com/health

Auch der Medienriese CNN hat ein eigenes Angebot zur Gesundheit. Allerdings handelt es sich hierbei um vorwiegend consumerorientierte Beiträge. Für den wissenschaftlich arbeitenden Mediziner sind diese Beiträge lediglich als Ergänzung empfehlenswert.

Dr. Ischler

http://www.ischler.com/

Das Institut Dr. Ischler stellt mit dieser Internet-Präsenz seine Tätigkeitsbereiche vor. Auf diesem Server bietet sich die Möglichkeit, Informationen und Firmen CD-ROMs anzufordern.

Deutsches Medizinforum

http://www.medizin-forum.de

Das Deutsche Medizinforum ist eines der älteren Angebote für Mediziner im Netz. Es bietet zahlreiche Listen, Links und Chatforen. Ausserdem lockt ein integrierter Shop den Surfer zum Besuch auf diese Seiten. Nach Meinung des „PharmaFlash" ist es allerdings in der letzten Zeit „scheinbar etwas ruhiger geworden im Forum".

Med-Online

http://www.med-online.de/
Med-Online ist der Online-Dienst des Münchener md-Verlags. Dieser Dienst bietet verschiedene Sparten wie: Aktuell, Gesundheitsprofis, Gesundheit für Alle, Shop, Med-Online-News. Außerdem sind eine kleine Jobbörse, ein Gewinnspiel und verschiedene Suchhilfen integriert.

Medinetz

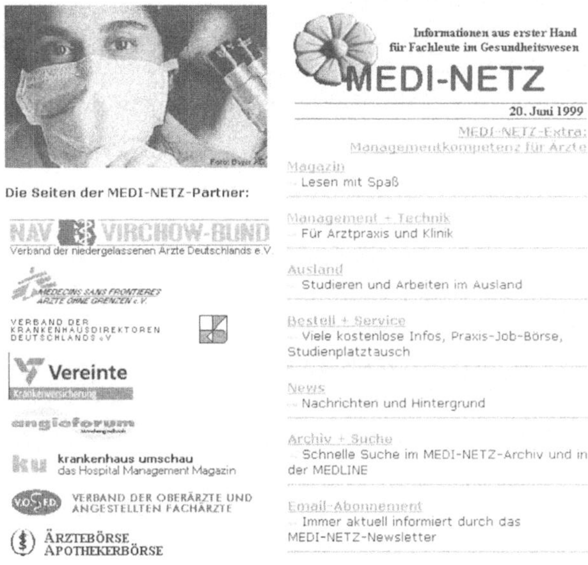

http://WWW.MEDI-NETZ.com
Das MEDI-NETZ stellt eine weitere interessante Einstiegsstelle ins Internet dar. Das MEDI-NETZ hat sich insbesondere zur Aufgabe gemacht, Berufs- und Fachverbände ins Internet zu bringen.

Auf der Startseite von MEDI-NETZ findet man Hyperlinks zum Marburger Bund, zum BAH-Bundesverband der Arzneimittelhersteller, dem NAV Virchowbund – Verband der niedergelassenen Ärzte Deutschlands, zu *Klinik Direkt* sowie zur *ku krankenhaus umschau*. Einige der Verbände werden mit ihren Online-Präsenzen im Abschnitt „medizinische Verbände und Organisationen" vorgestellt.

MediMedia
Das Unternehmen MediMedia bietet medizinische und pharmazeutische Medien für den Arzt, Apotheker und Patienten.

Im Angebot von Praxisservice.de erhält man aktuelle Informationen zur wirtschaftlichen Verordnung (Arzneimittel-Brevier Festbetragspräparate) und zu den EBM/GOÄ-Änderungen.
http://www.MediMedia.de
http://www.Praxisservice.de

Arzneimittel-Brevier „Festbetragspräparate"
Hier findet man alle neu festbetragsgeregelten Wirkstoffe mit den dazugehörigen Präparaten zur wirtschaftlichen Verordnung. Die aktuellsten Anpassungen und Änderungen der Festbeträge sind immer vorangestellt.

Abrechnungshilfen für Ärzte
Die Abrechnungshilfen bieten Ärzten aktuelle Informationen zu den Änderungen des EBMs bzw. der GOÄ. Die Informationen sind entweder nach einzelnen Indikationen (z.B. Abrechnungs-Alphabet) oder nach Leistungskapiteln (z.B. EBM-Handbuch, EBM-Übersichten und EBM-Übersichtskarten) facharztspezifisch gegliedert.

Zusätzlich besteht die Möglichkeit, im Kapitel „Aktuelle Informationen zum EBM/GOÄ" die neuesten Informationen zu den Entwicklungen abzurufen und per E-Mail Abrechnungstips zu erhalten. Das Angebot ist tagesaktuell abrufbar.

Medizin.de – Medizinindex Deutschland
http://www.medizin.de/
Einer der umfangreichsten medizinischen Suchkataloge für deutschsprachige Inhalte. Siehe Medizinische Suchsysteme.

multimedica

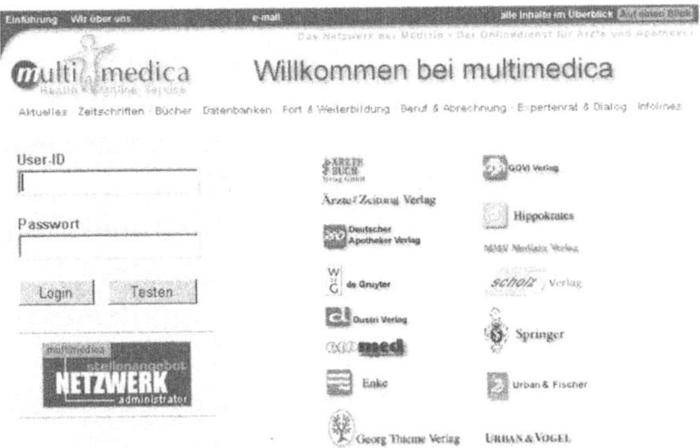

http://www.multimedica.de
Der Online-Dienst multimedica ist für Ärzte, Apotheker und Medizin-
studenten im Internet gedacht. Gesellschafter der Firma HOS multimedica
Online Service ist BertelsmannSpringer Science + Business Media.

Zudem unterliegt multimedica dem Heilmittelgesetz und ist als geschlossene Benutzergruppe angelegt. Für eine Registrierung ist der Nachweis der
Zugehörigkeit zu den genannten Fachgruppen notwendig. Die Nutzung
von multimedica erfolgt im Abonnement, zu einer festen Monatsgebühr.

Seit dem Start auf der medica 96 etabliert sich der Dienst als professioneller Anbieter medizinischer Fachinformationen. Nach der Fusion
mit Health Online Service ist multimedica der größte deutsche Online-
Dienst für Mediziner im Internet.

Durch Kooperation mit den führenden medizinischen Fachverlagen
basieren die Angebote des Dienstes auf kompetenten und aktuellen Online-
Ausgaben der wichtigen medizinischen Fachzeitschriften sowie Lexika,
Handbücher und Datenbanken. Das Angebot ist gegliedert in die Bereiche:
Expertenrat: Für 28 medizinische Indikationen und fünf praxisrelevante
Themen (Abrechnung, Praxismanagement, Finanzen, Steuer etc.) stehen
Experten aller Fachrichtungen zur Verfügung, die individuelle Anfragen
per E-Mail innerhalb von 48 Stunden beantworten. Die Anfragen und
Antworten können in fachorientierten Foren veröffentlicht und für andere
Teilnehmer zugänglich gemacht werden.

Fachgebiete: Innerhalb von 24 Fachgebieten sind Fachzeitschriften, Kasuistiken, in Zusammenarbeit mit Experten von multimedica selbst erstellte Kompendien, Handbücher und Lexika abzurufen. Verschiedene Infolines innerhalb von multimedica stellen Fachinformationen anhand von neuesten Studien, aktueller Literatur, Kasuistiken und Refresherkurse vor. Im Dialog mit Experten des jeweiligen wissenschaftlichen Beirats werden Fachfragen der Infoline-Nutzer beantwortet, z.B. in der Infoline Schilddrüse und der Infoline Hypertonie. Die Infoline Schilddrüse ist ein Informationsdienst rund um das Thema Schilddrüse.

Fort- und Weiterbildung: Ein Kalender informiert fachübergreifend über wichtige Kongresse und Seminare, die z.T. online dokumentiert werden (Internistenkongreß). Der Online-Dienst Brains bietet Informationen für Medizinstudenten.

Verlage: Angebote der einzelnen Partner-Verlage wie Fachzeitschriften, Handbücher und Online-Foren. Springer-Verlag, Ärzte Zeitung, Thieme Verlag, Chapman & Hall, Urban & Fischer, Medizin Verlag München, Urban & Vogel, ecomed, Medi-A-Derm, Enke Verlag, Hippokrates Verlag, Deutscher Apotheker Verlag, GOVI Verlag, de Gruyter Verlag, Schattauer Verlag, National Library of Medicine.

Ratgeber: Medizinische Datenbanken und Nachschlagewerke wie das Roche-Lexikon, die Rote Liste, MSD Manual, Pschyrembel und die medline können ohne Zusatzgebühren genutzt werden; Aktuelle Programmhinweise zu Medizin in den Medien, eine umfassende Adreßliste von Verbänden und Institutionen sowie Links zu weiteren Internet-Angeboten wie z.B. zum Patienten-Gesundheitsdienst Lifeline.

Wirtschaft und Recht: Informationen zu Praxismanagement, online-Banking, Börsentips sowie aktuelle Artikel zum Thema.

News: Die aktuelle online-Ausgabe der Ärzte Zeitung sowie weitere tagesaktuelle Artikel, das interaktive Fortbildungsmodul Sonoquiz und eine Praxisbörse für Praxisvertretungen, Praxisangebote und Übernahmen. Ebenso vorgestellt werden neue Module und Angebote im Dienst wie z.B. ODIN – das Onkologische-hämatologische Daten- und Informationsnetz der Medizinischen Hochschule Hannover, auf das man aus multimedica direkten Zugriff hat.

Besonderheiten: Schlagwortgenaue und fachübergreifende Suchabfrage innerhalb des gesamten Dienstes sowie in selektierbaren Bereichen.Sämtliche Inhalte sind redaktionell aufbereitet und nach Fachgruppen selektiert.

Interaktivität durch Beteiligung an online-Foren und Fortbildungs-modulen. Vorauswahl von Texten durch Abstracts. Komfortables Lesen des Volltextes im PDF-Format. Angebot zur Einrichtung einer kosten-losen Praxis-Homepage.

Painweb
http://www.painweb.de

Hinter dem Painweb steckt die Idee, eine zentrale Anlaufstelle für Schmerz-patienten zu gestalten. Das im Herbst 1996 vorgestellte System mit einer sehr ansprechenden Grafik soll behandelnden Ärzten und Patienten die Möglichkeit geben, sich schnell und effektiv auszutauschen. Hinter dem Pain Web verbergen sich neben einer Werbeagentur auch Spezialisten aus Universitätskliniken.

Reuters Health Information Services
http://www.reutershealth.com/

Auch im medizinischen Bereich ist der Informations-Broker Reuters seit einiger Zeit aktiv vertreten. Die angebotenen Informationen sind unterteilt in Informationen für den Spezialisten (Reuters Medical News) und Informationen für die Öffentlichkeit (Reuters Health eLine). Im Bereich Clinical Challenge werden wöchentlich Fallbeispiele zur Lösung angeboten. Abgerundet wird das Angebot durch die Internet Health Watch Kolumne sowie das satirische „Journal of Irreproducible Results" mit Artikeln zum „Dreifach-Blind-Versuch".

Wie von Reuters bekannt, sind die Themen tagesaktuell und sehr interessant. Eine Registrierung ist notwendig. Derzeit wird noch keine Benutzungsgebühr erhoben, was sich allerdings schon bald ändern wird. Die Reuters Seite verdient unbedingt einen Besuch.

W3+ Med.de
http://www.med.de/

Server der W3+ GmbH mit vorwiegend kardiologischem Inhalt. W3+ liefert Informationen der Arbeitsgemeinschaft leitender Krankenhaus-kardiologen, des Bundesverbandes Niedergelassener Kardiologen, des International Network of Interventional Cardiology und ein Link zur Zeitschrift „Herz". Für Kardiologen ist ein eignes kardiologisches Such-system eingerichtet worden. Außerdem bietet W3+ die Möglichkeit, verschiedene Suschsysteme des Internet gleichzeitig zu nutzen.

9.5 Spezielle Themen

ACP

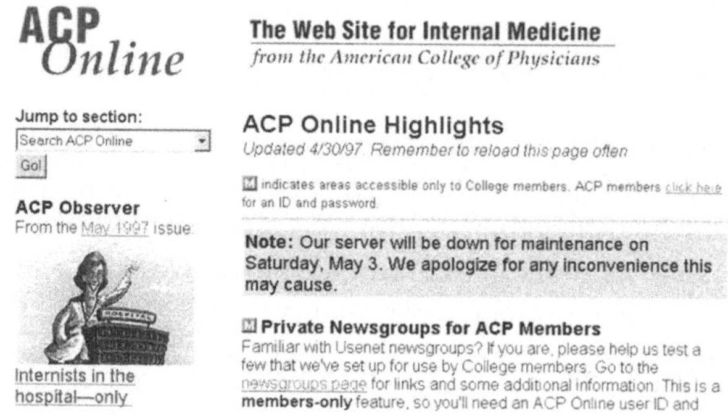

http://www.acponline.org/
Insbesondere ein für Internisten sehr ansprechendes Angebot mit
vielen nützlichen Hinweisen und Hyperlinks. Hier wird nahezu alles
vorgestellt, was die Organisation leistet.

Antibiotic Guidelines
http://www.intmed.mcw.edu/AntibioticGuide.html
Kurz und prägnant stellt dieser Server nahezu sämtliche Bereiche von
Infektionskrankheiten vor, die in einem westlichen Industriestaat vor-
kommen können. Obwohl nicht alle der vorgestellten Antibiotika weltweit
verfügbar oder zugelassen sind, gibt dieser Antibiotic Guide sehr nützliche
Hinweise auf die Zusammenhänge bei der Antibiotika-Therapie.

Ein Hauptaspekt, weshalb sich auch für andere Kliniken eine derartige Liste lohnen könnte, ist die Tatsache, daß hier neben den toxiko-
logischen und mikrobiologischen Indikationen und Behandlungsemp-
fehlungen auch die Preise für die einzelnen Medikamente angegeben
werden. Gerade hinsichtlich der notwendigen Sparmaßnahmen ist es
sicherlich sinnvoll, das Klinikpersonal auf die stark unterschiedlichen
Medikationskosten hinzuweisen.

BrighamRAD
http://www.brighamrad.harvard.edu
Die hier vorgestellte Internetpräsenz wird von der radiologischen Abteilung eines der Harvard Medical School angegliederten Hospitals, dem Birgham and Woman's Hospital, betrieben.

Hier ist das große Engagement zu spüren, welches in Harvard für die medizinische Ausbildung vorhanden ist. In eindrucksvoller Weise werden die neuen Telekommunikationsmethoden in die Diagnose und Behandlung von Patienten sowie die Ausbildung von Studenten mit einbezogen.

Mehr als 100 Fälle werden präsentiert, darunter auch neurochirurgische Fälle mit z.T. dreidimensionalem Bildmaterial zur Erforschung der Gehirnoberfläche oder der Ventrikel. Als weitere Features enthält der BirghamRAD Server verschiedene Atlanten der Gehirn- und Myokarddurchblutung (Atlas of Brain Perfusion SPECT, Atlas of Myocardial Perfusion SPECT), einen interaktiven Neuroanatomie-Atlas sowie einen Gehirnatlas mit über 100 gesunden und pathologischen Strukturen. Die pathologischen Strukturen vaskulärer, degenerativer, neoplastischer oder entzündlich/infektiöser Art werden durch klinische Informationen und MR, CT oder SPECT Bilder ergänzt.

In allen Atlanten sind neben den Normalbefunden einige Lehrbeispiele, Tutorials, Dia-Shows, Selbst-Tests oder sogar MPEG-Videos enthalten.

CancerNet
http://www.meb.uni-bonn.de/cancernet/
Das Cancernet (übrigens ein recht aggressiver Cookie-Setzer) bietet einen Überblick über die PDQ Statements sowie deren Änderungen zu den verschiedenen Krankheitsbildern. Es richtet sich in erster Linie an den Arzt, aber auch Patienten können hier Informationen zu ihrer Krankheit und der entsprechenden Therapie erhalten.

Datenschutz und Datensicherheit
http://www.uni-mainz.de/~pommeren/DSVorlesung/
Online-Vorlesung zum Thema Datenschutz und Datensicherheit.

Dermatology WWW-Server DOIA
http://www.dermis.net
Der Dermatology WWW-Server der Uni-Erlangen ist einer der bekanntesten Server zum Thema Dermatologie weltweit. Siehe Highlights.

Deutsches Diabetes-Forum

http://www.diabetes-forum.de/

Adressen und Informationen zu einem für den Laien sehr wichtigen Thema werden hier in übersichtlicher Form dargeboten. Es werden Kliniken und Selbsthilfegruppen vorgestellt, Auswertungs-Software zum Downloaden bereitgestellt und die verschiedenen Bezugsquellen von Testgeräten genannt.

Diabeteshaus

http://www.diabeteshaus.com/

In Deutschland sind etwa 3,8 Millionen Menschen vom Typ-II-Diabetes betroffen. Die Dunkelziffer liegt jedoch weit höher. Schon zum Zeitpunkt der Diagnose eines Diabetes werden oftmals gravierende irreversible Folgeschäden deutlich, hervorgerufen durch Hypertonie, Hyperlipidämie und Insulinresistenz.

Eine zentrale Aufgabe des Diabetes-Management ist daher die rechtzeitige und effektive Identifizierung der Hauptrisikopatienten. Je früher der Zeitpunkt der Diagnosestellung liegt, desto besser lassen sich Krankheitsverlauf und Folgeschäden beeinflussen.

Hier bietet die Firma Bayer die Möglichkeit sich weiterzubilden, zu informieren, Servicematerial zu bestellen, Kontakt aufzunehmen und vieles andere mehr. Dreh- und Angelpunkt ist die Volkskrankheit Diabetes und damit zusammenhängende Themen.

Mit diesen Internet-Seiten will Bayer Ärzten, Apothekern und Diabetes-Patienten helfen, mit dem Thema Diabetes besser umzugehen. Zugriffe auf ethische Produkte sind durch das DocCheck System geschützt (s. S. 165).

Digital Medical Library

http://www.telemedical.com/Telemedical/library.html

Dieses Angebot besticht insbesondere durch seine professionelle Aufmachung. Als digitale Bibliothek richtet es sich sehr stark auch an Verbraucher. Das Cyberspace-Wellness-Center oder Home Health Care sind Beispiele hierfür.

EMBBS Emergency Medicine and Primary Care Home Page
http://www.embbs.com/
Siehe Highlights.

GMA Gesellschaft für medizinische Ausbildung

http://www.gma.mwn.de/
Die GMA Gesellschaft für medizinische Ausbildung nutzt ihre Internet-
präsenz, um über die eigene Organisation, die Ziele, Arbeitsgebiete und
Geschichte aufzuklären. Neben einem Tagungskalender enthält die Seite
auch einige Querverweise zu interessanten Medizinservern sowie ein
Diskussionsforum. Die GMA beschäftigt sich insbesondere auch mit der
Reform des Medizinstudiums, den Zulassungsmodalitäten zum Medizinstudium sowie mit Themen zur Aus- und Weiterbildung in der Medizin.
Wichtige Punkte hierbei sind die Evaluation des Unterrichts und das
Qualitätsmanagement in der Medizin. Als Hauptarbeitsgebiete der GMA
werden die ständige Verbesserung des Curriculum sowie dessen Evaluation und die Entwicklung von Fortbildungsveranstaltungen in der Lehre
dargestellt. Die GMA dient der Förderung und Fortentwicklung der
medizinischen Lehre, der ärztlichen Aus-, Weiter- und Fortbildung und
ist daher auch für Studenten zugänglich.

Giftzentrale Bonn
http://www.meb.uni-bonn.de/giftzentrale/
http://www.meb.uni-bonn.de/giftzentrale/dhsidx.html
Diese Seite bietet Informationen über Notrufzentralen bei Vergiftungen
in den verschiedenen Postleitzahlenbereichen.

Health On the Net Foundation
http://www.hon.ch/
Health On the Net Foundation ist eine Non-profit-Organisation mit Sitz

in Genf. HON bietet kostenlosen Medline-Zugang und hat sich besonders auf das Thema Allergie spezialisiert. Ein weiteres Ziel von HON ist die Förderung von Internet-Kommunikation, um auch bei Ärzten die Vorteile des neuen Kommunikationsmediums bekannt zu machen.

Interactive Patient

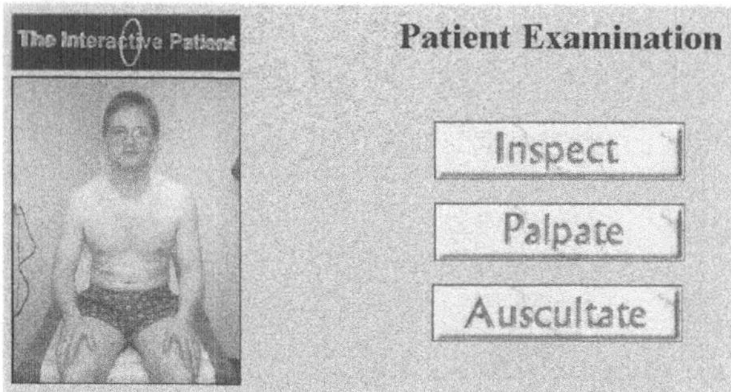

http://medicus.marshall.edu/medicus.htm
Siehe Highlights.

Krebsinfo
http://www.krebsinfo.de/
Krebsinfo will eine möglichst vielseitige Information zum Thema „Krebs" anbieten. Es sollen nach und nach Empfehlungen, Leitlinien, Standards und Daten zur Prävention, Früherkennung, Primärtherapie und Nachsorge von Krebs zusammengestellt werden. www.krebsinfo.de richtet sich an alle, die sich mit dem Thema „Krebs" befassen und basiert im wesentlichen auf den Publikationen folgender Institutionen:

- Deutsche Krebsgesellschaft e. V.,
- Deutsche Krebshilfe e. V. und
- Tumorzentrum München.

Das Ziel, vielseitige Informationen bereitzustellen, erfordert einen ständigen Prozeß der Erweiterung und Pflege, der von den genannten Institutionen getragen wird. Kritik, Anregungen und Fragen sind deshalb erwünscht. Krebsinfo kann allerdings keine Anfragen bearbeiten. Hierfür stehen u.a. der Krebsinformationsdienst Heidelberg (KID) unter der

Adresse http://www.dkfz-heidelberg.de/kid/kid.htm und die regionalen Krebsgesellschaften zur Verfügung.

Medicine-Worldwide
http://www.medicine-worldwide.de
Medicine-Worldwide ist ein Dienst, der zu einigen Themen interessante Beiträge liefert, jedoch sehr schnell auch regional (insbesondere in Berlin) kostenpflichtige Dienstleistungen vermitteln will. Dennoch lohnt ein Besuch.

Meine Gesundheit

http://www.meine-gesundheit.de
Siehe auch Internet-Dienste: MediMedia.
Das Projekt MEINE GESUNDHEIT von MediMedia nimmt eine Entwicklung in unserer Gesellschaft auf: der Trend hin zu einem aktiven Bemühen um die Gesundheit ist unverkennbar. Gefährlich wird es, wenn die Selbstbehandlung als Alternative zum Arztbesuch angesehen wird. Der Ratgeber „Krank – was tun?" soll bei der Beurteilung, ob eine Erkrankung so leicht ist, daß eine Selbstbehandlung möglich ist, unterstützen. Im Zweifelsfalle muß es aber immer heißen: Fragen Sie Ihren Arzt oder Apotheker!

@Notfall
http://www.notfall.com/
@Notfall ist eine deutschsprachige Internet-Mailing-Liste, in der Ärzte sowohl aus Praxis als auch aus Klinik per e-Mail Erfahrungen, Meinungen und Ideen zum Thema Notfallmedizin austauschen können. Das Angebot ist ein lebendiger Informationsraum, in dem sich die Teilnehmer gegenseitig Fragen stellen und Antworten geben können. Ziel ist es, die Kommunikation über das Thema Notfallmedizin zu verbessern.

Ophthalmology Online – Der Deutsche Online-Dienst für Augenärzte

http://www.ool.de/
Ophthalmology Online bietet einen Überblick über Kongresse, Fortbil-
dungen und Seminare, neue Techniken in der Augenheilkunde, ein An-
schriftenverzeichnis sowie mit dem Thema Augen verbundene Internet-
Links, Gesellschaften, Journale und Mailing-Listen. Auch ein Verweis auf
die deutsche Ophthalmologische Gesellschaft im Internet ist hier zu finden.

Orthopädie Textbook
http://www.medmedia.com/
Das Wheeless' Textbook of Orthopaedics ist eine relativ grafiklastige
Seite, die sich allerdings einer sehr hohen Beliebtheit erfreut und zu
nahezu allen orthopädischen Themen weiterhelfen kann. Sehr schön
ist ein schematisiertes Skelett dargestellt, an dem man die interessie-
rende Region anklicken kann und so weitere Informationen erhält. Die
hierauf folgenden Untermenüs sind sehr ausführlich gestaltet und zum
Teil sogar mit Röntgenbildern hinterlegt, so daß ein Besuch dieser Seite
in jedem Fall lohnend ist. Das Auffinden der gewünschten Information
wird zusätzlich durch eine interne Suchmaschine erleichtert.

Pediatric Points of Interest
http://www.med.jhu.edu/peds/neonatology/poi.html
Ausgezeichnete Auflistung von mehr als 700 Hyperlinks im Bereich
Pädiatrie. Das gesamte Angebot ist sehr anschaulich und thematisch
gegliedert. Die Themengebiete sind z.B. Krankenhäuser, Organisationen,
Journale usw.

Pediatric Critical Care Medicine

http://www.pedsccm.org

Besonders vom Design und von der Struktur ansprechende Website mit speziellen Informationen für Kinderärzte. Speziell erwähnenswert sind das Hypertextbook, die interne Suchmaschine sowie eine Job-Liste.

Pneumo

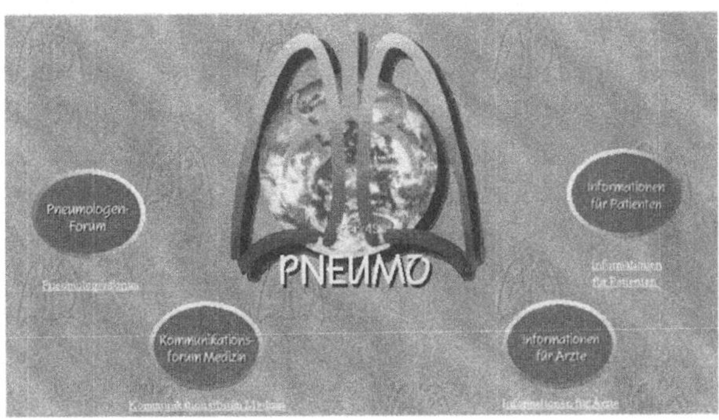

http://www.pneumo.de

Hier finden sich auch Informationen für Nicht-Pneumologen. Das Angebot, welches auch Seiten der Fachverbände enthält, bietet außerdem auch eine Reihe von Hyperlinks, sowie Allergie und Asthma-Tips.

Radiologische Fallsammlung

http://radserv.med-rz.uni-sb.de/index.html

Virtuelle Fallsammlung, die in der Radiodiagnostik Homburg in Zusammenarbeit mit der Radiologie im Klinikum der Stadt Mannheim entwickelt wurde.

Rheuma (Charité Berlin)
http://www.ukrv.de/ch/rheuma/index.html
Webangebot der Medizinischen Poliklinik der Charité in Berlin mit
Schwerpunkt Rheumatologie und Klinische Immunologie.

RHEUMANET
http://www.rheumanet.org/
Das RHEUMANET ist das erste Internet-Forum der Deutschen Rheumatologie. Es soll den Informationsaustausch zwischen allen rheumatologischen Versorgungseinrichtungen verbessern helfen und Ärzten wie
Patienten vielfältige rheumatologische Informationen und Kommu-
nikationsmöglichkeiten liefern. Die Zusammenarbeit wissenschaftlicher
Forschergruppen ist hiermit ebenso möglich, wie die Unterstützung
der Patientenselbsthilfe oder der Qualitätssicherung in der rheumatologischen Versorgung. Der Server des RHEUMANET wird vom Rheuma-
zentrum Düsseldorf verwaltet.

Rheuma-Wegweiser im Internet

http://www.rheuma-zentrum.com/
Server der Arbeitsgruppe Rheumatologie-Online, der Informationen
zur Selbshilfe und zum Krankheitsbild Rheuma liefert. Die Arbeitsgruppe Rheumatologie-Online ist eine Initiative von Mitarbeitern des St.
Willibrord-Spitals in Emmerich (Rheuma-Zentrum am Niederrhein).
Ziel ist es, das Internet als Informationsmedium für Rheuma-Patienten,
ihre Angehörigen und Freunde zu nutzen. Mit diesem Angebot stellt die
Arbeitsgruppe eine neue Art der Patientenbetreuung zur Verfügung,
welche in Zukunft noch von vielen weiteren Häusern genutzt werden
wird.

Traditionelle Chinesische Medizin
http://www.akupunktur.ch/Inhalt.html
Dieser Server zur traditionellen chinesischen Medizin gibt eine Einführung in die Akupunktur, die Diagnostik, die Heilmethoden sowie die verwendeten Medikamente. Ein Bereich ist der Ausbildung gewidmet. Hier finden sich Kontaktadressen für Interessenten.

The Visible Embryo
http://visembryo.ucsf.edu/
Siehe Highlights.

9.6 Verbände

American Dental Association
http://www.ada.org/
Siehe Dental.

AWMF
http://www.uni-duesseldorf.de/WWW/AWMF/
Die Arbeitsgemeinschaft der Wissenschaftlichen Medizinischen Fachgesellschaften betreibt mit dieser Website Mitgliederinformation und Öffentlichkeitsarbeit. Als besonderes Ziel der Internet-Präsenz werden die Leitlinien der Fachgesellschaften veröffentlicht, Informationen zur Forschungsförderung gegeben sowie ICD-Standards und Klassifikationen im Gesundheitswesen diskutiert und festgeschrieben. Die AWMF ist eine der maßgeblichen Institutionen im „Kuratorium für Fragen der Klassifikation im Gesundheitswesen" (KKG) des Bundesministeriums für Gesundheit.

Deutsche Gesellschaft für Kardiologie DGK
http://www.dgkardio.de
Die deutsche Gesellschaft für Kardiologie, Herz- und Kreislaufforschung bietet auf ihrem Server Informationen über die Gesellschaft, die Geschäftsstelle sowie über neueste Richtlinien und Empfehlungen der DGK.

DVMT
http://www.dvmt.de
Der Dachverband Medizinische Technik bietet auf seiner Internetseite Informationen über den Verband, Kontaktmöglichkeiten und Veranstaltungstermine.

Kassenärztliche Bundesvereinigung KBV

http://www.kbv.de

In der Arztdatenbank der KBV finden Sie Rechtsquellen für den Vertragsarzt, den Einheitlichen Bewertungsmaßstab (EBM), Informationsdienste sowie aktuelle gesundheits- und berufspolitische Informationen und Informationen zu ausgewählten Themen. Die Informationen sind aus erster Hand. Der wesentliche Teil kommt von der KBV und den KVen. Die meisten Informationen liegen im vollen Wortlaut vor. Der Datenbestand wird laufend aktualisiert und erweitert. Klicken Sie auf ein Thema Ihrer Wahl oder nutzen Sie die Recherchemöglichkeiten des Systems.

Marburger Bund

http://www.marburger-bund.de

Ebenfalls im MEDI-Netz angesiedelt ist die Homepage des Marburger Bundes, des Verbandes der angestellten und beamteten Ärztinnen und Ärzte. Auf diesem Server findet man neben Informationen zum Verband, zum Medizinstudium (AIP auch in den USA) sowie zu aktuellen Themen wie z.B. dem Thema Mobbing in deutschen Krankenhäusern und Kliniken.

NAV Virchow Bund

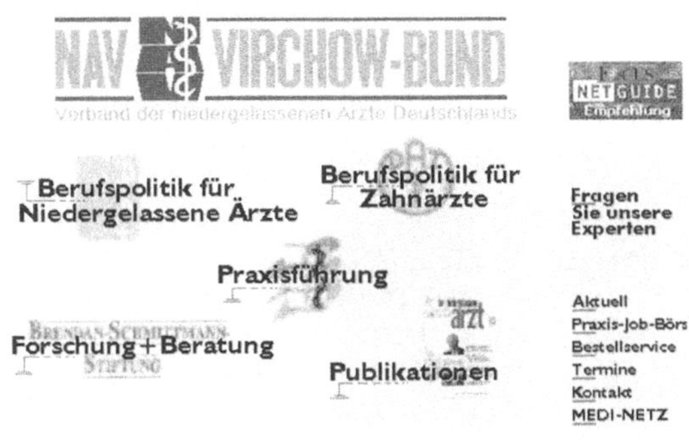

http://www.medi-netz.com/nav/
Die Seite des Virchow Bundes liefert Informationen zur Berufspolitik für Ärzte und Zahnärzte, zur optimalen Praxisführung, zu Publikationen des Verbandes sowie zu neuesten Forschungsergebnisssen. Darüber hinaus gibt es eine Praxis-Job-Börse, einen Bestellservice für Broschüren, Merkblätter, Vertragsmuster und derartige Informationen. Für Mitglieder wird eine kostenlose Rechtsberatung über das Online-System angeboten. Der Virchow Bund greift gerade in der Berufspolitik vehement insbesondere die Aktivitäten der KBV an. Dies wird auch in den online verfügbaren Artikeln im Internet sichtbar.

KZBV
http://www.kzbv.de/
Siehe Dental.

International

American Association for Respiratory Care
http://www.aarc.org/
Die auch grafisch ansprechende Homepage der AARC liefert zahlreiche interessante Hinweise auf das Krankheitsbild Asthma.

American Association of Blood Banks
http://www.aabb.org/ bzw. http://www.transfusion.org

American Academy of Pediatrics

http://www.aap.org/
Ein vor allem für Kinderärzte interesantes Angebot der AAP mit vielen Links und Hinweisen zu Publikationen aus dem Bereich Pädiatrie.

American Food and Drug Administration (FDA)
http://www.fda.gov/
Im Internet-Angebot der American Food and Drug Administration finden sich neben den neuesten pharmazeutischen Zulassungen auch interessante Informationen zu bestimmten Kosmetikprodukten oder Warnungen vor der Anwendung bestimmter pharmazeutischer oder kosmetischer Produkte. Ebenfalls abrufbar sind Informationen des „Nationalen Instituts für Toxikologie" der USA. Der FDA Server ist ein wichtiger Server, wenn man sich zu Fragen der Ernährung, Toxikologie und zu Bestandteilen von Medikamenten informieren will.

American Medical Association

http://www.ama-assn.org/

Die American Medical Association bezeichnet sich selbst als „The Voice of the American Medical Profession". Ziele der AMA, welche auch auf der Internetseite eindrucksvoll dokumentiert werden, sind die Förderung der Heilkunst, Wissenschaft und Volksgesundheit.

Die AMA legt ethische, ausbildungstechnische und klinische Standards in den USA fest und setzt sich für eine optimale Arzt-/Patient-Beziehung ein.

Ein Ziel der Internetpräsenz der AMA ist es, reliable, professionelle medizinische Informationen zu sammeln und mit Hilfe der Neuen Medien zu distribuieren.

American Medical Informatics Association

http://www.amia.org/

Homepage der American Medical Informatics Association. Diese Seite bietet weitere Hinweise für medizinische Informatiker.

American Physical Therapy Association

http://apta.edoc.com/

Diese Seite ist eine der sehr häufig besuchten Seiten für Physiotherapeuten in Amerika. Aber auch für deutsche Therapeuten durchaus ansprechend und interessant gestaltet.

Association of Academic Physiatrists

http://www.physiatry.org

Association of American Medical Colleges

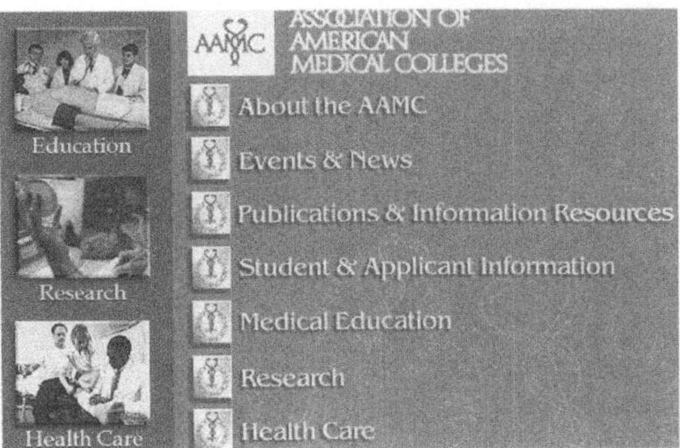

http://www.aamc.org/
Die offizielle Aufgabe der Association of American Medical Colleges ist es, die Volksgesundheit durch eine Effektivitätssteigerung in der Medizin zu verbessern.

Mittels dieser Internetseite sollen die drei Säulen der Medizin, Forschung, Lehre und Krankenversorgung, in den USA hervorgehoben werden. Die Finanzierbarkeit verschiedener Projekte wird modellhaft diskutiert. Die Seite ist für Ärzte und Gesundheitspolitiker empfehlenswert, die sich für die Reorganisation des amerikanischen Gesundheitssystems interessieren, bzw. auf der Suche nach Argumenten für eine vertretbare aber kostenorientierte Vorgehensweise in der Medizin sind.

FMA MedONE Home Page
http://www.medone.org/
Die Homepage der Florida Medical Association ist zweigeteilt in eine Abonnentenzone und eine Zone für Consumer. Wie für viele andere amerikanische Verbände auch, ist ein Beitritt nur für Ärzte mit sehr speziellen Interessen sinnvoll. Dennoch vermögen die angegebenen Seiten einen Eindruck zu vermitteln, wie Verbandsarbeit auch im Internet realisiert werden kann.

World Health Organisation

http://www.who.int/
Ausführliche Website über die WHO, ihre Programme und Aktivitäten.

9.7 Kliniken/Universitäten/Forschungseinrichtungen

Kliniken

Hospital Web
http://neuro-www.mgh.harvard.edu/hospitalweb.shtml
Sie suchen ein Hospital, welches im Internet vertreten ist? Hier gibt es
die globale Übersicht über sämtliche Internet-Krankenhäuser der Welt.

Mayo Clinic & Foundation for Medical Education and Research

http://www.mayo.edu/
Die Mayo Klinik in Rochester ist auch hierzulande eines der bekanntesten Beispiele für eine Klinik. Mit dem Internet-Angebot versucht die Klinik, ihrem Ruf als eine der führenden Kliniken weltweit gerecht zu werden. Das Angebot ist in die drei großen Bereiche Patientenversorgung, Forschung und Lehre eingeteilt. Dahinter verbirgt sich ein reicher Fundus an spezifischer Information.

Virtual Hospital
http://www.vh.org/
Siehe Highlights.

Universitäten

The Institute for Head & Neck Surgery, Houston, Texas
http://www.uth.tmc.edu/oto/
Diese Seite ist in erster Linie für HNO-Ärzte und Kieferchirurgen gedacht. Hier findet man in sehr aktueller Form Informationen des Instituts. Von hier aus kann die Reise durch das Internet für HNO-Ärzte starten.

FU Berlin
http://www.fu-berlin.de/
Auf der Homepage der FU-Berlin findet man Veranstaltungshinweise
für Kongresse und Vorträge sowie Stellenausschreibungen. Außerdem
wird ein Wegweiser angeboten, wie man innerhalb des Klinikums zu
Informationen gelangt. Die verschiedenen Kliniken und Institute werden
vorgestellt. Interessant ist in diesem Zusammenhang, daß auf dieser
Seite auch ein HTML-Crashkurs sowie Tips und Tricks zur Erstellung
einer eigenen Homepage enthalten sind. Hier erfährt man, wie man
HTML-Dokumente erstellt, und wie man sie für die Allgemeinheit verfügbar machen kann.

Universitätsklinik Bonn

http://imsdd.meb.uni-bonn.de/
Der Server, der hier vorgestellt wird, beinhaltet die bereits besprochenen
Homepages des HealthWeb sowie der Giftzentrale Bonn. Außerdem gibt
die Uni Bonn auf Ihrem Angebot Informationen zu medizinischen Standards wie dem ICD9 oder zum §301 Abs3 SGB V (Gesundheitsstrukturgesetz).

Universität Düsseldorf
http://www.uni-duesseldorf.de/WWW/MedFak/
Die medizinische Fakultät der Heinrich-Heine-Universität Düsseldorf
beschränkt sich auf ihrem Server auf die üblichen Informationen zu
Veranstaltungen und Instituten.

Universitätsklinik Frankfurt
http://www.klinik.uni-frankfurt.de/
Auf der Homepage des Klinikums der Johann-Wolfgang-Goethe-Uni-
versität Frankfurt finden sich insbesondere die Hyperlinks zum bereits

vorgestellten Frankfurter Index (Highlights), einem hochinteressanten Index im Medizinbereich, sowie zu Medline. Die Nutzung dieser Medline Datenbank ist allerdings nur Angehörigen der Uni-Frankfurt gestattet.

Justus-Liebig-Universität Gießen
http://www.med.uni-giessen.de/
Die Justus-Liebig-Universität Gießen bertreibt bereits ein internes Intranet für Klinikangehörige. Dieses enthält u.a. auch einen virtuellen Essensplan sowie Fachinfos, Informationen für Patienten, Forschungsberichte und allgemeine Infos. In der Rubrik „Neues im Infonet" geben die Autoren der Homepage Mitteilungen über die neuesten Aktivitäten auf ihrer Seite.

Georg-August-Universität Göttingen
http://www.AMS.Med.Uni-Goettingen.de/

Ruprecht-Karls-Universität Heidelberg
http://www.urz.uni-heidelberg.de/institute/fak5/
Die Ruprecht-Karls-Universität Heidelberg stellt wie viele andere Unis ihre Institute und Kliniken vor und bietet einige andere Querverweise ins World Wide Web.

Einen interessanten Server für alle, die sich für CBT (Computer Based Training) in der Medizin interessieren, stellt die Uni Heidelberg unter der Adresse http://www.hyg.uni-heidelberg.de/ zur Verfügung.

Universität Köln
http://www.uni-koeln.de/med-fak/
Die medizinische Fakultät der Universität Köln betreibt einen vergleichsweise aktuellen Server, der insbesondere auch einen Verweis zur deutschen Zentralbibliothek für Medizin enthält. Die Adresse der Bibliothek lautet: http://www.zbmed.de. Siehe auch Suchsysteme medizinisch.

Medizinische Fakultät der Universität München
http://www.med.uni-muenchen.de
Dr. Klaus Adelhardt betreibt für die Medizinische Fakultät der Universität München eine sehr aktuelle medizinische Homepage, die auch von internationalen Internetnutzern sehr häufig besucht wird. Hier finden z.B. Studenten Informationen zur München-Harvard-Allianz, dem Austauschprogramm zwischen der LMU-München und der Harvard Medical School in Boston.

Neben allgemeinen und aktuellen Informationen zu Aktivitäten auch im Internet, findet man eine ausführliche Infoseite des Instituts für Biometrie und Epidemiologie (IBE) der LMU-München. Ein sehr interessantes Link des IBE ist das Hyperlink zum sogenannten „Multilingual Glossary of Medical Terms", welches medizinische Fachausdrücke in die folgenden Sprachen übersetzen kann: Dänisch, Deutsch, Englisch, Französich, Italienisch, Niederländisch, Portugiesisch, Spanisch.

Über ein weiteres Hyperlink führt der Weg auch zu HNOnline, dem Informationsdienst der Klinik und Poliklinik für Hals-Nasen-Ohrenkranke der Uni München.

Als weitere Information finden sich von der Homepage ausgehend Abhandlungen über maligne Ovarialtumoren, Mammakarzinome, das Maligne Melanom, Leukämien und myelodysplastische Syndrome, das Rheumazentrum München und den Rheumatologischen Auskunftsdienst sowie den Krebsinformationsdienst (http://www.krebsinfo.de).

Abgerundet wird das Angebot durch die Nennung der Fachgesellschaften: Deutsche Gesellschaft für Medizinische Informatik, Biometrie und Epidemiologie und Gesellschaft für Medizinische Ausbildung (GMA) Siehe Spezielle Themen.

Universität Münster Medweb
http://medweb.uni-muenster.de/
Von der Homepage der Universität Münster gelangt man u.a. zum Projekt MedWeb, welches nicht nur aufgrund des hervorragenden Layouts sehr ansprechend ist. Das MedWeb-Angebot der Uni Münster ist ein hochaktuelles Angebot im Netz. Die Ziele der Projektgruppe MedWeb, welche seit 1994 existiert, lauten nach eigenen Angaben:

- Erschließung der Informationsressourcen des Internet für die Fakultät,
- Bereitstellung eines allgemein verfügbaren Kommunnikationsmediums innerhalb der Fakultät,
- Ermöglichung einer Repräsentation der Medizinischen Einrichtungen nach außen.

Langfristig sollen die Möglichkeiten des Internet als schon heute unentbehrliches Hilfsmittel bei der wissenschaftlichen Arbeit allen Mitgliedern der Fakultät zur Verfügung stehen. Die Uni Münster nimmt mit ihrem Angebot zweifelsfrei eine Vorreiterrolle in Deutschland ein.

Neben dem Projekt MedWeb ist insbesondere für Studenten die Bücherbörse für gebrauchte Bücher interessant, welche kostenlos auf dem Server der Fakultät angeboten wird.

Forschungseinrichtungen/Institute

DIMDI
http://www.dimdi.de/
Siehe Medizinische Suchsysteme.

DLR – Institut für Luft- und Raumfahrtmedizin

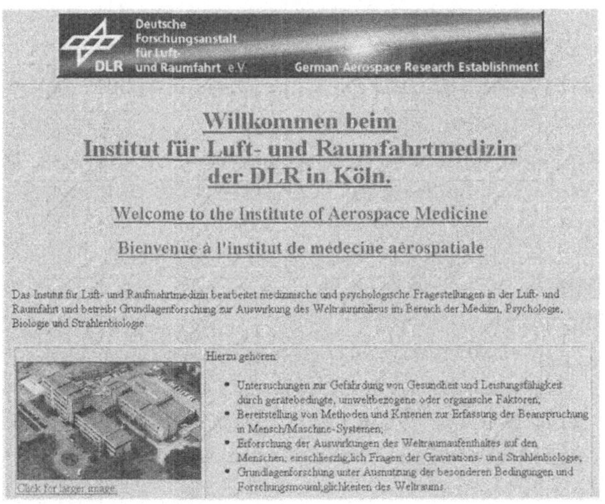

http://www.me.kp.dlr.de/
Das Institut für Luft- und Raumfahrtmedizin stellt hier seine Arbeitsschwerpunkte dar.

Deutsches Krebsforschungszentrum Heidelberg

http://www.dkfz-heidelberg.de/

Das Deutsche Krebsforschungszentrum Heidelberg liefert einen zentralen Beitrag zur Krebsinformation. Siehe bitte auch Spezielle Themen, Krebsinfo.

Robert-Koch-Institut

http://www.rki.de/

Das Robert-Koch-Institut, das Bundesinstitut für Infektionskrankheiten und nicht übertragbare Krankheiten gibt Informationen zum Gesundheitsschutz, zu den verschiedenen Infektionskrankheiten, zu Genetik und gentechnischen Fragen sowie zu chronischen Krankheiten. In der Rubrik „Wir über uns" kann man mehr über das Institut erfahren. Aktuelle Infos sowie eine Online-Pressestelle runden das Angebot ab.

9.8 Selbsthilfegruppen

Bundesvereinigung Stotterer-Selbsthilfe
http://www.hsp.de/~bvss/
Die Bundesvereinigung Stotterer-Selbsthilfe gibt neben einer Sammlung von Hyperlinks zum Thema Stottern detaillierte Informationen über sich selbst und die Leistungen der Vereinigung. Eine derartige Organisation einer Selbsthilfegruppe im Internet ist sehr zu begrüßen.

Verbraucher Initiative
http://www.umwelt.de/
Die VERBRAUCHER INITIATIVE ist die größte unabhängige Verbraucherorganisation in Deutschland. Mehr als 10.000 Mitglieder und 160 Verbände unterstützen ihre Arbeit. Schwerpunkte sind Ökologie, Gesundheit und Soziales: Die Themen reichen von A wie Amalgam bis Z wie Zusatzstoffe. Neben politischer Lobby- und Gremienarbeit im Sinne ökologischer und gesundheitsbewußter Verbraucherinnen und Verbraucher, beispielsweise bei Neuland oder Bioland, leistet die VI auch unabhängige Beratung für ihre Mitglieder. Durch Informationsblätter, Ratgeber und den zweimonatlich erscheinenden Mitgliederrundbrief oder auch per Telefon können Sie sich z.B. zu den Themen gesunde Ernährung, umweltbewußte Haushaltsführung, gesunde Textilien und Schutz vor Wohngiften informieren.

Deutsche Krebshilfe e.V.
http://www.krebshilfe.de/
Die Deutsche Krebshilfe e.V. gibt auf ihrer Internet-Präsenz Informationen zu den Aufgaben und Leistungen. Außerdem können Ratgeber-Broschüren online abgerufen oder kostenlos bestellt werden. Selbstverständlich gibt es auch die Möglichkeit, direkt Spenden an die Deutsche Krebshilfe abzugeben.

Diabcare
http://www.diabcare.de
Die Seite von Diabcare beschäftigt sich mit der Qualitätssicherung der
Diabetes-Therapie in Europa.

Children with Diabetes

http://www.childrenwithdiabetes.com/
Diese Homepage spricht insbesondere die Eltern von an Diabetes erkrank-
ten Kindern an.

SHG Fettstoffwechselerkrankter

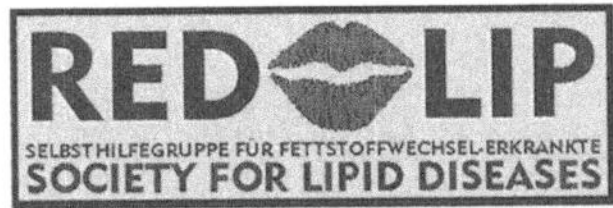

http://www.ping.at/users/redlip
Die Redlip Seite der Selbsthilfegruppe der Stoffwechselgestörten gibt
wertvolle Hinweise zum Thema Cholesterin, Alkohol, Gefäßleiden und
zur richtigen Ernährung.

9.9 Pharmaunternehmen

AstraZeneca
http://www.astrazeneca.com/
Vom Layout sehr ansprechende Homepage. Astra liefert Informationen zu
Neuigkeiten aus dem Unternehmen, den Produkten und der eigenen
Forschung und Entwicklung.

Aventis Pharma

http://www.pharma.aventis.de

Website der Aventis Pharma mit Arzt- und Patientenforen zu unterschiedlichen medizinisch-wissenschaftlichen oder gesundheitspolitischen Themen.

Azupharma

http://www.azupharma.de/

Azupharma stellt aktuelle Dienste, eine geschlossene Benutzergruppe (GBG) für Ärzte sowie eine GBG für Apotheker zur Verfügung und erklärt die internationalen Aktivitäten des Unternehmens auf deutsch und englisch.

BASF

http://www.basf.de

BASF stellt hier die diversen Betätigungsfelder des Großkonzerns vor.

Baxter

http://www.baxter.de

Bayer Diabeteshaus
http://www.diabeteshaus.de/
Siehe Spezielle Themen, Diabeteshaus.

Bayer
http://www.bayer.de/
Auf der Bayer-Seite findet man Informationen zum Unternehmensprofil, aktuelle Statements zu den Arbeitsgebieten, den Mitarbeitern und Daten und Fakten über das Unternehmen. Außerdem sind die Rubriken Umweltschutz, Forschung, historische Entwicklung, Sport, Kultur angeboten. Ein spezifischeres Angebot für Ärzte und Patienten, Apotheker und Pharmazeuten finden Sie unter http://de.bayer-healthvillage.com.

Boehringer Ingelheim
http://www.boehringer-ingelheim.de/
Boehringer Ingelheim stellt auf seiner Seite insbesondere das Unternehmen dar. Die weiteren Themen sind Prescriptions, Self Medication, Animal Health, Bakery and Food, sowie Chemicals. Die Seite ist auf englisch gehalten. Ein medizinischer Informationsservice der Boehringer Ingelheim Pharma KG steht unter http://www.medworld.de bereit.

Bristol-Myers Squibb

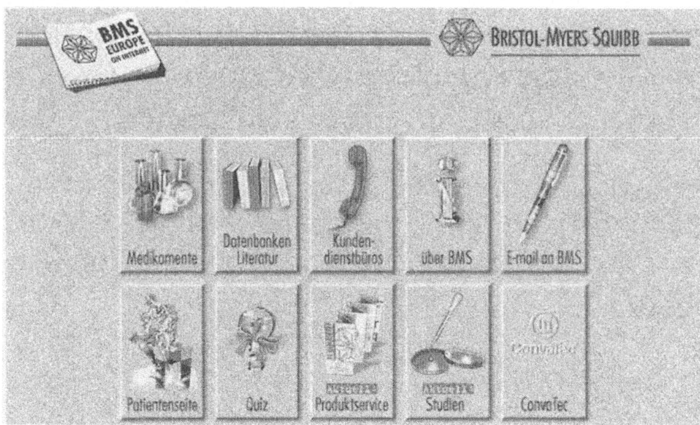

http://www.b-ms.de/
Bristol-Myers Squibb bietet verschiedene Dienste an. Die Sparte Medikamente ist durch ein Paßwort vor unberechtigtem Zugriff geschützt. Im Bereich Literatur bietet BMS einen Literaturrechercheservice an. Außerdem besteht die Möglichkeit, in den Produktdatenbanken der

Firma zu recherchieren. Als weitere Punkte wurde eine Patientenseite, ein Quiz und ein aktueller Produktservice sowie ein Überblick über aktuelle Studien eingebaut. Die Ladezeit des BMS-Angebots ist ebenfalls relativ hoch.

Eli Lilly and Company

http://www.lilly.com/
Auf der vergleichsweise einfach strukturierten Internetpräsenz von Eli Lilly and Company erfährt man in erster Linie Neuigkeiten über die strategische Ausrichtung des Unternehmens, Presseinfos und Ansprachen. Außerdem ist eine Jobbörse implementiert.

GlaxoWellcome
http://www.glaxowellcome.de
Auf der GlaxoWellcome Homepage wählt man zunächst das gewünschte Fachgebiet aus und kann dann das gewünschte Produkt aus der Produktpalette anklicken. Wenn man über das Paßwort verfügt.

Hexal
http://www.hexal.de
Umfangreiche Informationen zu klinischen Studien und Wirkmechanismen bestimmter Arzneimittel aus der Hexal-Produktpalette. Die geschlossene Benutzergruppe ist eingeteilt in die Bereiche Präparate, Fachinformationen, Neueinführungen, Preisänderungen, Praxis, Apotheke/OTC, ACC Service und Fachbücher. Sie sind durch ein Paßwort geschützt. Sofern man dem medizinischen Fachkreis angehört, kann man über die

Login-Seite ein persönliches Paßwort beantragen. Dieses wird dann innerhalb von 24 Stunden per E-Mail zugeschickt.

Hoffmann-La Roche

http://www.roche.com

Jenapharm

http://www.jenapharm.de

Johnson & Johnson

http://www.jnj.com

Knoll Deutschland

http://www.knoll-deutschland.de/

Die sehr ansprechende Homepage von Knoll Deutschland ist in die Bereiche Knoll, Medizinische Fakultät, Apotheke, Kaufhaus und Kiosk eingeteilt. Im Bereich „Mediziner Bookmarks" hat Knoll einige interessante Einstiegsserver zu verschiedenen Fachgebieten bereitgestellt.

Ein Besuch der Knoll-Seite lohnt in jedem Fall. Mit Hilfe eines von Knoll vergebenen Paßworts kann man auf dem Gesundheitsserver auch fachspezifische Informationen abfragen, die aufgrund des Heilmittel-Werbegesetzes nur Fachkreisen zugänglich gemacht werden dürfen. Nach Eingabe des Paßwortes gelangt man zur erweiterten Knoll-Homepage. Im Bereich Apotheke sind einige pharmakologische Bookmarks hinterlegt, welche z.T. bereits vorgestellt wurden.

Kohl-Pharma
http://www.kohl-pharma.de
Die Kohl-Pharma wirbt mit einer Aussage aus dem Nachrichtenmagazin „Der Spiegel" für die durchaus sinnvolle Nutzung von Patenten und Pharma-importen aus dem europäischen Ausland: „Durch die Präsenz von Importarzneimitteln kommt es zu erheblichen Einsparungen: Preiserhöhungen seitens der Pharmafirmen werden erschwert, die direkten Einsparungen durch die Abgabe der Importe in Apotheken ersparen über DM 120 Millionen jährlich. Bei einer konsequenten Abgabe von Importen beläuft sich das Sparpotential auf über DM 500 Millionen jährlich." (Quelle: Der Spiegel 15/1996, S.38).

Als „Wink mit dem Zaunpfahl" kann man durchaus das Verordnungsbeispiel betrachten, in dem empfohlen wird, auf dem Rezept die aus dem Kohl-Pharma-Sortiment stammenden Produkte mit dem Zusatz Kohl-Pharma zu versehen.

Merck & Co., Inc., USA
http://www.merck.com/ oder auch http://www.msd.de
Auf der Seite finden sich Informationen zu Merck-Produkten, der sogenannte Health Info-Park mit Infos zum Glaukom, zur Osteoporose, zu Herzkrankheiten, HIV-Infektionen und zu Reisekrankheiten. Außerdem wird das Merck Manual im Internet verfügbar gemacht und Topics für Healthcare Professionals angeboten.

Merck KGaA, Darmstadt
http://www.merck.de
Unter http://www.medizinpartner.de organisiert Merck einen Treffpunkt für Mediziner, Pharmazeuten und Patienten mit Foren unterschiedlicher Fachgebiete.

Novartis
http://www.novartis.de/
Die Firma Novartis präsentiert sich mit ausgeprochen modernem Design. Hier sind Bereiche für Gesundheit, Landwirtschaft und Arzneimittel vorgesehen. Die Novartis-Seite ist hochaktuell und auch mit interessanten Pressemitteilungen zum Unternehmen ausgestattet.

Pfizer
http://www.pfizer.de
Ebenfalls mit einer grafisch anspruchsvollen Page präsentiert sich Pfizer.

Pharmaceutical Information Network

http://pharminfo.com/
Besonders guter Server bezüglich pharmazeutischer Inhalte, Forschung, Veranstaltungen, Datenbanken, Newsgroups und Mailing Listen. Auch die grafische Darstellung ist sehr attraktiv.

Ratiopharm

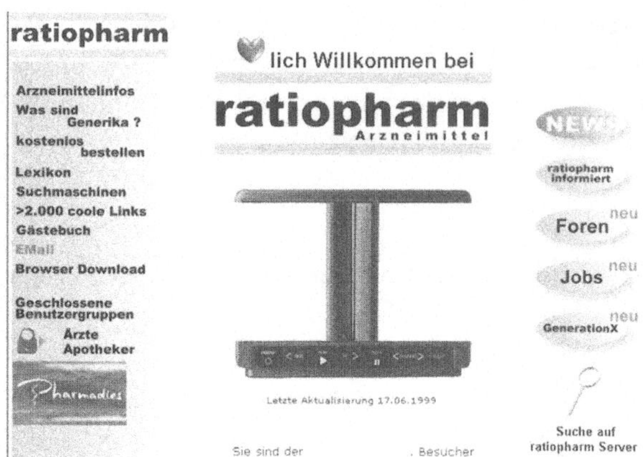

http://www.ratiopharm.de/

Das umfassende Angebot der Firma Ratiopharm ist in einer ausgesprochen attraktiven Art und Weise aufgebaut. Von der Homepage aus erhält man z.B. die Möglichkeit, einen kostenlosen sog. „Wegweiser Gesundheit" zu bestellen, welcher mit zahlreichen Informationen zu den Themen Schmerz, Erkältung, Allergien, Venenschwäche, Ernährung, Gesundheitsprobleme auf Reisen sowie mit Checklisten für die Haus- und Reiseapotheke ausgestattet ist. Die Ratiopharm-Homepage bietet weiterhin eine Aufklärung über Generika, Informationen für Patienten und Interessierte, ein medizinisches Lexikon, Fachinformationen für Ärzte (als geschlossene Benutzergruppe) sowie ein komfortables Suchsystem.

Roche
http://www.roche.de/
Die Roche-Seite ist eingeteilt in die Bereiche: Allgemeines, Pharma, Consumer Health, Vitamine und Diagnostics.

Schwarz Pharma
http://www.schwarzpharma.de/
Die Homepage von Schwarz Pharma unterteilt sich in die Rubriken Company, Präparate, Service für Fachkreise, Service für Patienten und News.

Stada
http://www.stada.de/
Die Homepage der Stada AG bietet für Ärzte eine Präparateübersicht, ein
Gewinnspiel sowie die gelbe Liste und verschiedene Links zu medizinischen Newsgroups.

9.10 Medizintechnik

Aesculap

http://www.aesculap.de/
Die Firma Aesculap gibt von ihrer Homepage aus Informationen zu
sämtlichen Geschäftsbereichen. Diese erstrecken sich neben der Zahnmedizin auch in die Chirurgie, Orthopädie und andere medizinische Felder.

Anton Paar
http://www.anton-paar.com/

Dräger
http://www.dwhl.de/
Ein Portrait der weltbekannten Firma Dräger.

Laborgerätebörse

http://www.opennet.de/labexchange/

Auf der Seite der Laborgerätebörse kann man gebrauchte Geräte erwerben oder zum Verkauf anbieten. Außerdem läßt sich eine Geräteübersicht abfragen. Hier sind alle nur denkbaren Laborgeräte vom Atomabsorptionsspektrometer über Elektrophoresegeräte bis hin zu Waagen und Zentrifugen. Es wird versichert, daß sich die Geräte in technisch und optisch einwandfreiem Zustand befinden, komplett überprüft und überholt sind und mit einer Garantie von 60 Tagen ausgestattet werden können. Die Laborgerätebörse erlaubt eine Übersicht über sämtliche angebotenen Geräte und bietet eine direkte Bestellmöglichkeit.

Siemens

http://www.siemens.de/de/products_n_solutions/medizin/index.html

9.11 Verlage/Zeitschriften

Ärzte Zeitung Online

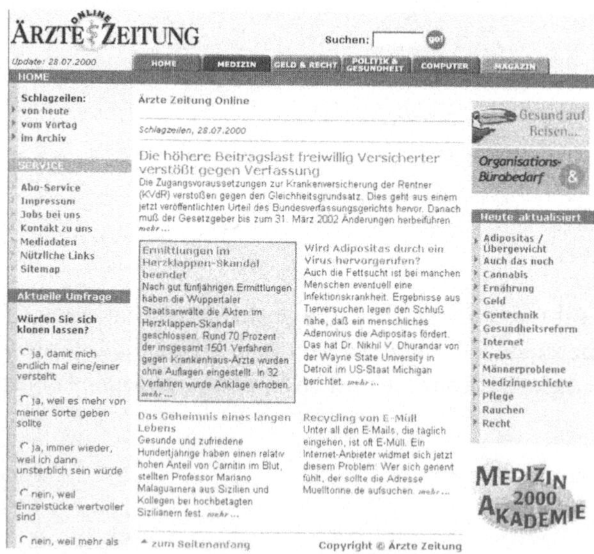

http://www.aerztezeitung.de

Tagesaktuell ist auch das Inernetangebot der „Ärzte Zeitung". Die wichtigsten und interessantesten Meldungen des Tages werden als Schlagzeilen auf der Homepage präsentiert. Außerdem bietet die „Ärzte Zeitung Online" kostenlose Recherche-Möglichkeiten in einer umfangreichen Sammlung von Volltext-Beiträgen aus der „Ärzte Zeitung" und den Supplements. In den Rubriken „Medizin", „Geld & Recht", „Politik & Gesundheit", „Computer" und „Magazin" ist die Themenfülle von „Ärzte Zeitung Online" übersichtlich nach Stichwörtern gegliedert. Suchfunktionen ermöglichen eine schnelle Volltextsuche in allen Inhalten. Die einzelnen Beiträge lassen sich in einer druckerfreundlichen Version aufrufen und per E-mail verschicken. Umfragen, Specials, Serien, Kongress- und Messeberichte und der Servicebereich mit ständig aktualisierten Linklisten runden den Internetauftritt von „Ärzte Zeitung Online" ab. Das große Angebot läßt sich mit Hilfe der kontextabhängigen Navigation gut erschließen. Sie ist leicht zu bedienen und enthält viele nützliche redaktionelle Querverweise.

BMJ
http://www.bmj.com
Sehr interessanter Inhalt ohne Grafiküberlastung. Das British Medical Journal war eines der ersten Online-Journale. Viele Artikel sind auch in der Volltextversion erhältlich.

Deutscher Ärzte Verlag
http://www.aerzteverlag.de/
Das umfassende Angebot des Deutschen Ärzte Verlages enthält Hyperlinks zur Ärztezeitung, und zu Praxis Computer. Es stellt eine der zentralen Anlaufstellen für Mediziner im Internet dar. Neben Foren und Hyperlinks zum Deutschen Ärzteblatt und zu Praxis Computer, findet man hier Bestellisten für Formulare zur Praxisorganisation, Informationen zu den Neuen Medien, Bücher und sogar eine Kulturecke mit Angeboten von Kunstdrucken aus verschiedenen Epochen.

Die Zeitschrift Praxis Computer bietet die wesentlichen Informationen aus allen für die Arztpraxis relevanten Bereichen der Informations- und Kommunikationstechnik sowie zu medizinisch interessanten Neuen Medien sowie eine kompetente Unterrichtung zu Themen des Praxismanagements und der Praxisorganisation.

Das Deutsche Ärzteblatt ist das Standesorgan der Bundesärztekammer und der Kassenärztlichen Bundesvereinigung. Mit einer Auflage von wöchentlich 330.000 Exemplaren ist es mit Abstand das meistgelesene ärztliche Fachperiodikum.

Deutsches Ärzteblatt
http://www.aerzteblatt.de/
Mit mehr als 1.400 Stellenanzeigen-Seiten und durchschnittlich 12.000 Anzeigen pro Jahr ist das Deutsche Ärzteblatt Marktführer bei Stellenanzeigen aus dem medizinischen Bereich. Die Online-Suche ermöglicht über die Schaltflächen den direkten Zugriff auf den Anzeigenteil der letzten beiden Ausgaben des Deutschen Ärzteblattes. Dieser Zugriff auch auf Chiffreanzeigen ist sehr nützlich. Neben dem Stellenmarkt werden auch Vertretungsgesuche und Praxisabgaben vermittelt.

Weitere Angebote im Online-Angebot sind eine effektive Recherchedatenbank, sowie ein ausgedehnter Nachrichtenteil.

DJO Digital Journal of Ophtalmology
http://www.djo.harvard.edu
Insbesondere für Augenärzte sehr gut ausgewählte Informationen. Allerdings sind die Inhalte stark auf das regionale Publikum in Massachussetts ausgerichtet. Fallbeschreibungen und Peer Reviewed Quiz. Grafisch und vom Aufbau sehr schön aufgemacht.

Elsevier
http://www.elsevier.nl
Wie auch die anderen Verlage bietet Elsevier neben allgemeinen Informationen insbesondere den eigenen Produktkatalog sowie die Publication Hompages. Außerdem einen Datenbankservice. Auf den Elsevier-Seiten können die Publikationen und Services der verschiedenen von Elsevier bearbeiteten Betätigungsfelder abgefragt werden.

JAMA Journal of the American Medical Association
http://www.ama-assn.org/
Das nach eigenen Angaben meistgelesene medizinische Journal der American Medical Association. JAMA ist Peer Reviewed und liefert ausgewählte Forschungsergebnisse und gesundheitspolitische Informationen. Außerdem Hot-News für die Öffentlichkeit. Neben den bereits erhältlichen Abstracts-Archiven bis Juli 1995 gibt es eine Serie von „condition specific" Pages, die ein zentrales Problem von vielen verschiedenen Seiten beleuchten sollen, z.B. zu HIV/AIDS. Die Features dieser neuen Seiten enthalten u.a. Journal Scan, Newsline, Practice Guidelines, Ethics Update,

Expert Advice, Training Center, Treatment, Global Links, Informationen für Patienten, Patient Support Groups und ein Glossar.

Lippincott Williams & Wilkins

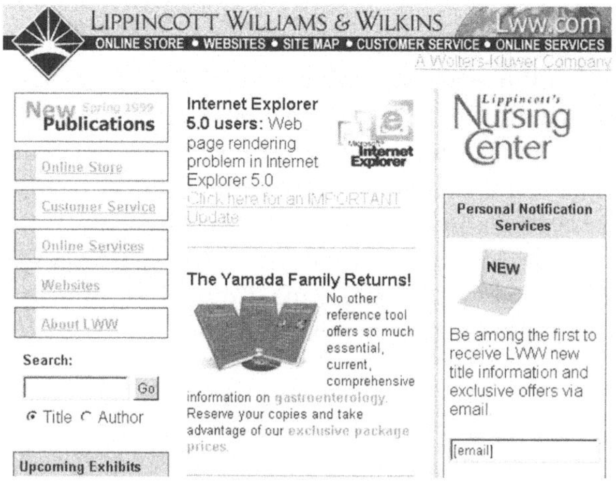

http://www.lww.com
Umfangreiche Online-Services, ein Online Bookstore und verschiedene Customer Support Angebote von Lippincott Williams & Wilkins.

New England Journal of Medicine
http://www.nejm.org/
Das New England Journal of Medicine liefert hochinteressante Beiträge für die Internet-Gemeinde. Es stellt eine wertvolle Wissensquelle für alle Mediziner dar. Die Aufbereitung der Information ist gut strukturiert und funktionell. Man erhält Volltextbeiträge und Fallbeispiele z.B. des Massachusetts General Hospital (MGH), Editorials und Rezensionen. Auch Abstracts von Originalartiken sind online verfügbar. Komplette Artikel können direkt bestellt werden. Im Bereich „Career Links" findet man Stellenanzeigen, auch wird auch ein Bereich „upcoming meetings" angeboten.

MD Verlag - Med-Online
http://www.med-online.de
Siehe Internet-Dienste.

MediMedia

http://www.MediMedia.de
http://www.praxisservice.de
Siehe Internet-Dienste.

Medscape

http://medscape.com/
Medscape bietet in vorbildlicher Weise Volltext-Artikel und Grafiken. Interessant für viele Mediziner ist der kostenfreie Medlinezugang. In Medscape veröffentlichte Online-Journale sind z.B.: The AIDS Reader, Complications in Surgery, Drug Benefit Trends, Emerging Infectious Diseases, European Menopause Journal, Infections in Medicine, Infections in Urology sowie die Medical Tribune. Der Bereich Topics ist aufgeteilt in die Unterbereiche AIDS, Infektionskrankheiten, Managed Care, Menopause, Onkologie, Chirurgie, und Urologie.

Mosby

http://www.Mosby.com/
Mosby bietet die Möglichkeit, den gesamten medizinischen Katalog zu durchforsten oder sich innerhalb der verschiedenen Sektionen zu bewegen.

Springer -Verlag

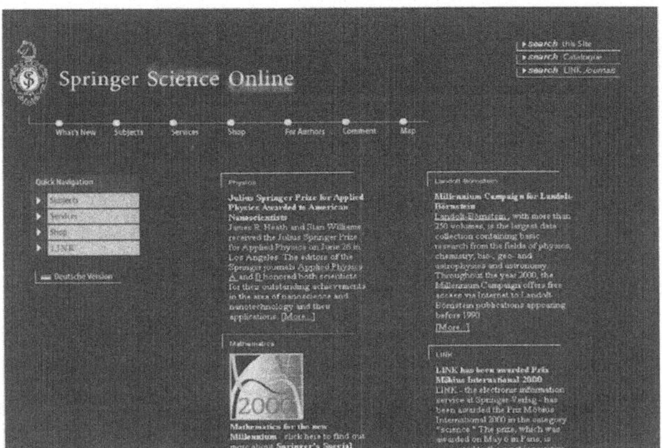

http://www.springer.de

Unter dem Titel Springer Science Online bietet der Springer-Verlag eine ausführliche Informationsseite zu seinen Produkten und Betätigungsfeldern. Außerdem kann man über diese Seite Informationen über den Springer-Verlag selbst und den Online-Informationsdienst LINK erhalten. Im Bereich Medizin werden neben dem Katalog insbesondere die neuesten medizinischen Bücher und Zeitschriften vorgestellt, siehe auch http://www.studmedforum.springer.de und http://www.gewinn-medic.springer.de.

Unter http://www.springer.de/medic-de/medizin-online finden Sie zudem über 200 direkt anwählbare katalogisierte Webadressen für Ärzte.

Thieme

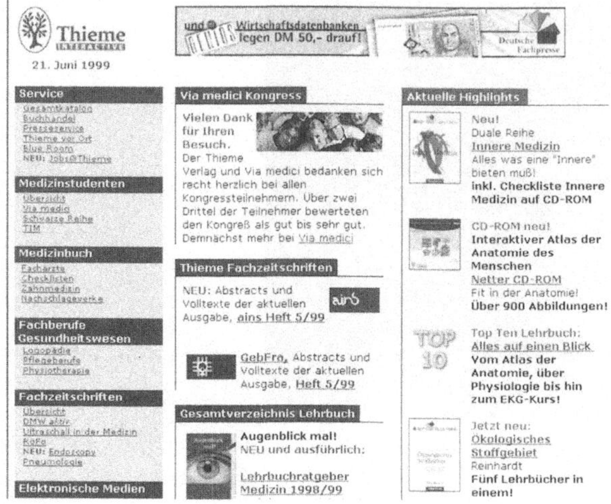

http://www.thieme.de
Angebot des Thieme-Verlags Stuttgart.

VCH
http://www.wiley-vch.de/vch
Die schlicht programmierte Seite der VCH-Publishing Group aus Weinheim bietet einen kurzen Überblick über die Produktpalette des Verlages.

Cambridge University Press

http://www.cup.cam.ac.uk/

Oxford University Press

http://www.oup-usa.org/

Der Server der Oxford University Press lädt zum Verweilen ein. Hier gibt es auch Informationen, die über diejenigen eines reinen Buchdistributors hinausgehen.

9.12 Buchhandel

Amazon

http://www.amazon.de

Amazon ist ein amerikanischer Dienst, mit Filiale in Deutschland. Bei Amazon können sämtliche Bücher direkt bestellt und per Kurierdienst zugestellt werden. Amazon hat einen der schnell wachsenden Bereiche im Internet erfolgreich abgedeckt und ist eine sehr interessante Internet-Adresse für alle Leseratten.

BOL

http://www.bol.de

Bol ist die Antwort der Bertelsmann AG auf Amazon. Wie bei Amazon.de lassen sich hier eine breite Auswahl an Büchern online bestellen.

JF Lehmanns Fachbuchhandlung

http://www.lob.de
JF Lehmanns ist eine der ersten deutschen Fachbuchhandlungen im Internet (seit März 1993). Das derzeitige Angebot, welches etwa 100.000 mal wöchentlich abgefragt wird, umfaßt Literaturrecherchen in Buchkatalogen (Inland und Ausland) mit Schwerpunkt Informatik und Medizin, ein Schaufenster Medizin/Technik mit aktuellen Neuerscheinungen/Vorankündigungen Medizin/Informatik, die Literaturrecherche Zeitschriften sowie Bestellmöglichkeit auch über Secure Server. Geplant ist die Bereitstellung von Volltexten sowie eine stärkere Integration multimedialer Daten. JF Lehmanns verspricht die Besorgung jedes lieferbaren Buches weltweit. Interessant für Wissenschaftler besonders aus den Bereichen Medizin und Informatik.

MedBookStore
http://www.medbookstore.com
MedBookStore bietet auf dieser Site mehr als 90.000 englischsprachige medizinische Bücher, Software und Produkte online an.

MIT Press Bookstore

http://mitpress.mit.edu/bookstore
Der MIT-Press Buchladen ist ein Angebot des Massachussetts Institute of Technology und verkauft insbesondere die vom Institut publizierten Titel.

Rothacker
http://www.rothacker.de
Nach Fachgebieten strukturiertes Angebot der Versandbuchhandlung Rothacker.

9.13 Dental

Aesculap
http://www.aesculap.de/
Siehe Medizintechnik.

American Dental Association
http://www.ada.org/
Wer sich für das amerikanische Dentalsystem interessiert, findet auf
der Homepage der American Dental Association genügend Stoff, um
dieses System mit dem deutschen System zu vergleichen.

Dental Bytes
http://www.dentalbytes.com/
Dental Bytes ist ein sehr beliebtes amerikanisches Online-Magazin für
Zahnärzte, was sich u.a. mit der Frage beschäftigt, wie viele Zahnärzte
derzeit im Internet online sind und wo sich die besten Dentalseiten
weltweit befinden. Außerdem lassen sich im Archiv die alten Ausgaben
von Dental Bytes durchsehen. Diese Adresse ist sicher für Zahnärzte
einen Besuch wert.

Dental Related Internet Resources
http://www.dental-resources.com/
Unter der hier angegebenen Adresse findet man über 1.000 Hyperlinks
zu Dentalinhalten im Internet. Dies ist eine der größten derzeit verfügbaren Sammlungen von Dental Resources.

DENTalTRAUMA
**University of Geneva – Faculty of Medicine – School of Dentistry – Ortho-
dontics**
http://www.unige.ch/smd/orthotr.html
Der Dental-Trauma-Server der Uni Genf bietet ausführliche Informationen zu zahlreichen traumatischen Verletzungen im Bereich der Mund-
höhle. Insbesondere für die oft schwierigen Fälle der Behandlung von
Frontzahntraumata soll hier schrittweise ein umfassendes Informationsangebot aufgebaut werden. Ergänzt wird das Angebot duch Fallbeispiele
zu Intrusionen, Extrusionen, Subluxationen, Exartikulationen und late-
ralen Luxationen.

Dentsply
http://www.dentsply.de/
Auch die Firma Dentsply hat für die Präsentationen ihrer Produkte, Neuigkeiten und Veranstaltungshinweise das Internet für sich entdeckt.

ESPE Dental
http://www.espe.de/
Die Firma Espe bietet mit ihrem Internetangebot einen Überblick über die Espe Produktpalette. Hier kann man sich schnell über neue Produkte informieren.

Goldman School of Dental Medicine

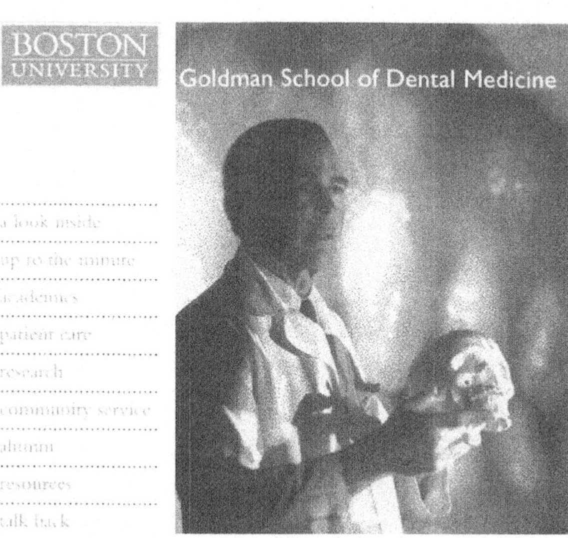

http://dentalschool.bu.edu/
Die Goldman School of Dental Medicine ist eine der Boston University angegliederte Abteilung. Eingebettet in ausgesprochen hochwertige Grafik werden hier sämtliche Informationen vermittelt, die für den Patienten sowie für Zahnärzte und Studenten notwendig sind.

GZM Internationale Gesellschaft für ganzheitliche Zahnmedizin
http://www.gzm.org

Auf der Homepage der GZM, der Internationalen Gesellschaft für ganzheitliche Zahnmedizin, findet sich neben einer Selbstdarstellung auch ein Veranstaltungskalender sowie die Möglichkeit, Inhaltsverzeichnisse der GZM-Zeitschrift einzusehen.

Kassenzahnärztliche Vereinigung Nordrhein
http://www.zahnaerzte-nr.de/

Die Informationsseite der Zahnärztekammer Nordrhein beginnt mit einer sehr grafiklastigen Startseite praktisch ohne Inhalt wird allerdings dann insbesondere im Bereich „Thema" recht interessant. Hier geht es z.B. um das Thema Implantate für jedermann, Anti-Schnarch-Methoden gegen Lärmterror sowie Zahnästhetik. Außerdem werden Themen wie „Kräutermedizin aus Omas Hausapotheke" behandelt.

Kölner Zahnärztehaus

http://www.kzbv.de/

Gemeinschaftliches Angebot der Kassenzahnärztlichen Bundesvereinigung sowie der Bundeszahnärztekammer. Diese Internetseite versorgt den Zahnarzt mit vielen wichtigen und interessanten Informationen. So können z.B. aktuelle Zahlen in Form von Grafiken abgefragt oder die neueste Ausgabe der zm Zahnärztlichen Mitteilungen kann eingesehen werden. Man erhält eine Übersicht über zahnärztliche Organisationen, Fachartikel und Stellungnahmen sowie die neuesten Mitteilungen der Kammer.

MedWeb: Dentistry
http://www.medweb.emory.edu/medweb

Das MedWeb ist eines der besten Suchsysteme im Bereich der Zahnheilkunde. Es gibt auch in seiner Hyperlinksammlung Hinweise auf die meistbesuchten Internetpages und ist daher unbedingt zu empfehlen.

New York University College of Dentistry
http://www.nyu.edu/Dental/
Die New Yorker Uni hat in ihrem Kriser Center eine riesige Anzahl von Dental-Ressourcen zusammengestellt. Die zuvor unter Dental Related Internet Resources vorgestellte Adreßliste stammt auch aus dem Dunstkreis dieser Universität.

Oral and Maxillofacial Radiology Case Studies

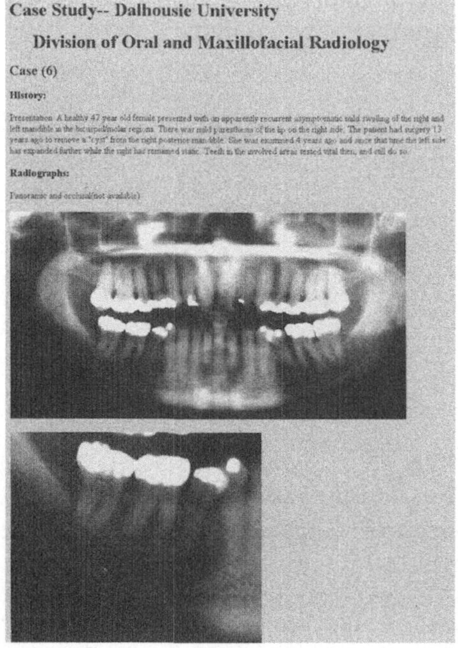

Case Study-- Dalhousie University

Division of Oral and Maxillofacial Radiology

Case (6)

History:

Presentation: A healthy 47 year old female presented with an apparently recurrent asymptomatic mild swelling of the right and left mandible in the bicuspid/molar regions. There was mild paresthesia of the lip on the right side. The patient had surgery 13 years ago to remove a "cyst" from the right posterior mandible. She was examined 4 years ago and since that time the left side has expanded further while the right has remained static. Teeth in the involved areas tested vital then, and still do so.

Radiographs:

Panoramic and occlusal(not available)

http://bpass.dentistry.dal.ca/casestudies.html
Die Dalhousie University Division of Oral and Maxillofacial Radiology hält einige Case Studies bereit. Mit Hilfe dieser Case Studies, die auch mit Röntgenbildern hinterlegt sind, läßt sich das eigene Wissen sehr

gut überprüfen. Außerdem bietet die Seite interessante Links z.B. zur Dental Trauma Resource der Universität Genf.

Poliklinik für Kieferorthopädie der Uni München
http://www-kfo.dent.med.uni-muenchen.de/
Poliklinik für Kieferorthopädie der Uni München unter Frau Prof. I. Janson präsentiert sich mit einer eigenen Homepage zur Kieferorthopädie. Darauf sollen z.B. die Forschungsberichte zur Kephalometrie vorgestellt werden.

Quinline

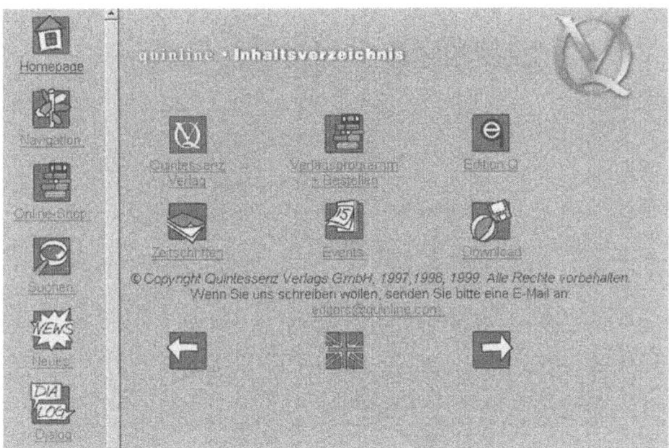

http://www.quinline.de/
Quinline, das Angebot des Quintessenz-Verlages heißt die Besucher willkommen in der Welt der Zahnheilkunde. Der Quintessenz-Verlag ist ein Verlag, der sich bereits zu Btx-Zeiten aktiv um die elektronische Kommunikation verdient gemacht hat. Das Global Dentistry Network (GDN) stellt das neueste Online-Produkt des Verlages dar. Auch das neue Medium DVD (Digital Versatile Disk) wird bereits eingesetzt.

Spitta Verlag
http://www.spitta.de/
Der Spitta Verlag bietet etliche Informationen über Termine, den Spitta Service und den Verlag selbst.

Temple University School of Dentistry
http://www.temple.edu/dentistry/

Die Temple University School of Dentistry ist eine der führenden Dentalschulen im weltweiten Internet. Man kann hier die unterschiedlichen Departments per Mausklick besuchen. Es gibt die Departments Community Dentistry, Dental Informatics, Endodontology, Oral and Maxillofacial Surgery, Oral Medicine, Orthodontics, Periodontology und Restorative Dentistry.

Zahn-Online

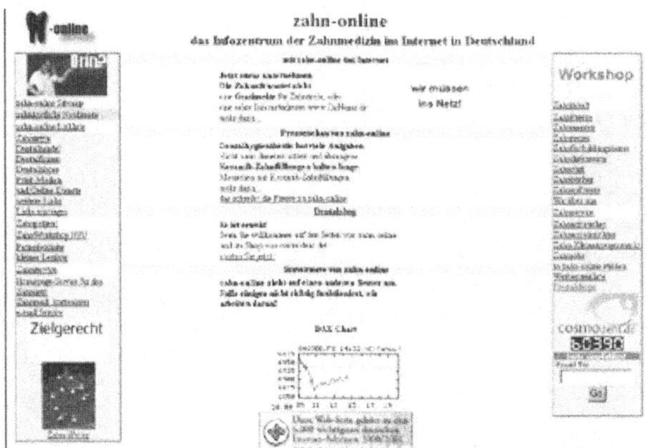

http://zahn-online.de/
Zahn-Online ist eine grafisch anspruchsvolle Seite, die es u.a. ermöglicht, die Adressen verschiedener bereits im Internet vertretener Online-Zahnärzte, Dentalfirmen und Dentallabors zu finden. Zahn-Online wird von seinen Betreibern relativ aktuell gehalten.

ZMK-Klinik Münster
http://medweb.uni-muenster.de/institute/zmk/
Nicht nur vom Design, sondern auch vom Inhalt her sehr ansprechend ist das Angebot des Zentrums für Zahn- und Kieferheilkunde der Uni Münster. Mit Hilfe einer intelligenten Quick-Menü-Steuerung läßt sich der Inhalt der Seite in verschiedenen Detailstufen darstellen. Diese Seite ist sicherlich einen Besuch wert. Jeder zahnmedizinisch Tätige findet lohnende Inhalte zu den ihn beschäftigenden Fragen.

9.14 Apotheke

Apotheke Online
http://ipa.seiten.de/apotheke-online/
Apotheke Online als nach eigenen Angaben erstes deutschsprachiges
Online-Gesundheitsmagazin gibt ungeordnete Informationen zu bestimmten Themen von allgemeinem Interesse. Prostatabeschwerden
stehen hier neben Pillenproblemen und Kontaktlinsen.

9.15 Sonstiges

Bundesministerium für Gesundheit
http://www.BMGesundheit.de/
Die Seiten des BMG bieten Hinweise zu Themen wie Krankenversicherung,
Gentechnik, Organspende, Arzneimittelrecht, Verbraucherschutz, Krank-
heits- und Seuchenbekämpfung und zur Sozialhilfe. Informiert wird über
die verschiedenen Bundesinstitute, das Robert-Koch-Institut und das Paul-
Ehrlich-Institut in Langen. Im ebenfalls vorhandenen Pressespiegel lassen
sich die Themen kompetent vertiefen. Für alle politisch Interessierten
bietet dieser Server eine reichhaltige Argumentensammlung. Wer immer
aus erster Hand über Verordnungen oder neueste Entwicklungen informiert
sein möchte, findet hier genau die richtigen Informationen.

Bundesministerium für Strahlenschutz
http://www.bfs.de/
Das BfS ist eine Behörde im Geschäftsbereich des Bundesministeriums
für Umwelt, Naturschutz und Reaktorsicherheit (BMU), die ihre Arbeit
im November 1989 in Salzgitter aufgenommen hat. Das BfS nimmt Voll-
zugsaufgaben des Bundes nach dem Atomgesetz und dem Strahlenschutz-
vorsorgegesetz wahr, erfüllt Aufgaben auf den Gebieten des Strahlen-
schutzes, der kerntechnischen Sicherheit, der Beförderung radioaktiver Stoffe und der Entsorgung radioaktiver Abfälle. Es unterstützt das
Umweltministerium bei der Wahrnehmung der Bundesaufsicht. Zur
Erfüllung seiner Aufgaben betreibt das BfS wissenschaftliche Forschung.
Das BfS gibt aktuelle Informationen zur Umweltradioaktivität, zur UV-
Strahlung sowie zu Rechtsvorschriften aus dem betreffenden Bereich.

Besonders interessant sind die Informationen zur UV-Strahlung die deutschlandweit mittels des solaren UV-Index festgeschrieben und auf diesem Server mit Hilfe einer Landkarte Deutschlands in grafischer Form dargestellt werden.

DocCheck
http://www.doccheck.de
DocCheck ist ein Identifizierungs-Service für Ärzte und Apotheker im Internet. Mit dem zur Verfügung gestellten Paßwort bekommen Ärzte und Apotheker auf den Internetseiten von pharmazeutischen Unternehmen und medizinischen Verlagen Zugang zu Informationen, die nur für Fachkreise bestimmt sind. Dieser Service von Antwerpes & Partner ist für Ärzte und Apotheker kostenlos.

Evidence-based medicine (EBM)
http://cebm.jr2.ox.ac.uk
EBM hat sich zur Aufgabe gemacht, „Bridges from research to practice" zu bauen. Auch Themen wie „Clinical applications of the medical litera- ture" sind Bestandteil der EBM-Aktivitäten. Besonders interessant für den Theoretiker und zur Planung klinischer Studien.

Health Gate
http://www.healthgate.com/
Z.T. frei erhältliche Informationen wie z.B. Medline, Aidsline, Aidsdrugs, Aidstrials, Bioethicsline, Cancerlit, Drug Information Handbook, Health Planning. Die Seite, die sich nicht ausschließlich an Ärzte richtet, bietet für US-$ 14.95 pro Monat Zugang zu einigen klinischen Datenbanken wie „Healthy Women" und „Healthy Eating". Andere Artikel werden je nach Menge abgerechnet. Die Homepage hat eine attraktive Aufmachung.

Lebensmittelinhaltsstoffe
http://www.chemie.uni-bonn.de/oc/ak_br/PEOPLE/Rot/e-nummer.html
Der Server der Uni-Bonn klärt darüber auf, was sich genau hinter den E-Nummern verbirgt, welche sich auf nahezu allen Lebensmitteln mit Kon-servierungsstoffen befinden.

Mediconsult
http://www.mediconsult.com/
Dieses Angebot ist für Patienten gedacht, die ihre Diagnose bereits kennen und weitere Informationen zu ihrer Krankheit suchen. Die Qua-

lität der hier angebotenen Dienstleistung ist insgesamt sowohl inhaltlich als auch grafisch ausgesprochen hoch. Es gibt über 50 Bereiche mit weitreichender Information. Auch die Erfahrungen von anderen Nutzern können geteilt werden.

Der Bereich der medizinischen Online-Beratung, mit dem hier experimentiert wird, steckt zwar noch in den Kinderschuhen, wird aber zu einer interessanten Entwicklung führen. Auch deutsche Kammern geraten durch diese Art von Online-Konsultation unter Druck, da sie auch für deutsche Patienten zur Verfügung steht und restriktive Maßnahmen in Deutschland zu einem erheblichen Wettbewerbsnachteil für deutsche Ärzte führen könnten.

Nando Times

http://www.nandotimes.com/healthscience/

Die Nando Times liefert tagesaktuelle Artikel zu medizinischen oder gesundheitsassoziierten Themen aus der ganzen Welt. Es ist durchaus interessant, die Nando Times gelegentlich zu besuchen.

Outbreak

Click on the icon to see the full size picture.

http://www.outbreak.org/

Auf dieser faszinierenden Seite kann man Informationen zur Ebola-Epidemie und anderen Infektionskrankheiten von größerer Tragweite erhalten. Für den täglichen Gebrauch ist der Inhalt deshalb nicht geeignet.

PharmInfoNet

http://pharminfo.com/

PharmInfoNet ist aufgeteilt in die Bereiche Pharmainformationen, Disease Centers, Publikationen, Meeting, Highlights und Diskussionsgruppen. Hier finden sich zahlreiche Informationen zu pharmazeutischen Produkten.

SciNetPhotos

Medical Imaging

"Seeing the Unseen"

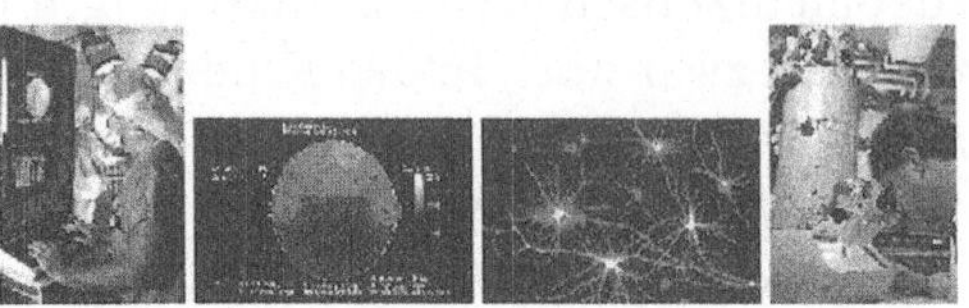

Brain state analyzer, brain cells, electron microscope.

http://www.scinetphotos.com/medimg.html
Eine Kollektion anregender und künstlerisch hochwertiger Fotos aus dem Wissenschaftsbereich.

Telemedicine Information Exchange (TIE)
http://www.telemed.org/
Diese Site gibt ausführliche Informationen über das Thema Telemedizin. Speziell zur Versorgung ländlicher Gebiete in den USA ist diese Art der Online-Information essentiell. Expertenmeinungen können so extrem schnell eingeholt werden. Hier erhält man Informationen zur Definition von Telemedizin und die verschiedenen nutzbaren Plattformen. Die Homepage eignet sich sowohl für den Telemedizin-Anfänger als auch für Experten. Sie liefert viele nützliche und auf andere Weise schwierig aufzufindende Ressourcen. Auch für die Planung von Telemedizin-Projekten ist diese Info-Page sehr zu empfehlen.

Virtual Frog Dissection Kit

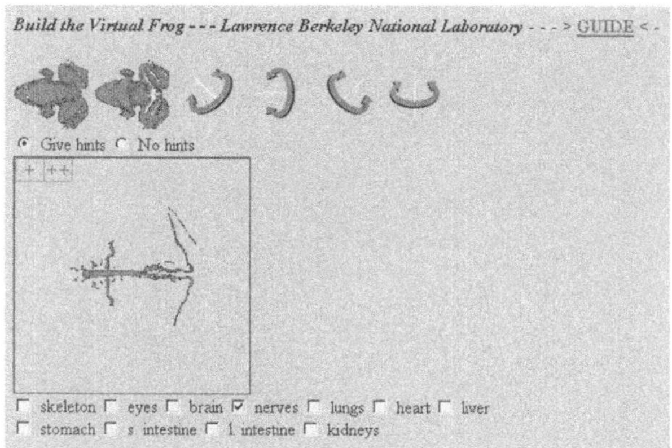

http://www-itg.lbl.gov/ITG.hm.pg.docs/dissect/info.html
Auf dieser Seite wird dem Besucher ermöglicht, eine virtuelle Froschsektion durchzuführen. Die perfekte Anleitung hierzu wird gleich mitgeliefert. Wenn die zuständigen Ausbilder ihre Studierenden auf die Internet-Sektionsmöglichkeit hinweisen, könnte auf diese Weise vielen Fröschen das Leben gerettet werden.

Wörterbuch der EDV-Begriffe in der Medizin
http://yi.com/home/EysenbachGunther/wb.htm
Ein hilfreiches und umfassendes Werk für alle, die sich mit EDV-Problemen auseinandersetzen müssen oder wollen. Mit 500 Stichwörtern und mehr als 1.000 Querverweisen.

10 Medizinische News-Groups

Das Usenet mit seinen Tausenden von News-Groups stellt einen entscheidenden Faktor bei der elektronischen Kommunikation dar. Auch in medizinischen Bereichen gibt es weltweit zahlreiche interessante News-Groups, von denen einige hier vorgestellt werden sollen. Dabei muß beachtet werden, daß eine Beteiligung an einer News-Group-Diskussion nur dann möglich ist, wenn auch der Provider oder Online-Dienst die entsprechende News-Group „abonniert", d.h. im Angebot hat. Dies ist allerdings bei den meisten Gruppen der Fall. Sobald Sie einmal einen News-Server betreten haben, werden Ihnen sämtliche verfügbaren News-Groups zur Auswahl angeboten.

Das Angebot medizinischer News-Groups ist bereits so groß, daß es mehrere Seiten füllen würde. Beim Scrollen durch die News-Groups kannman sich allerdings recht schnell einen umfassenden Überblick verschaffen, bevor einzelne Gruppen abonniert werden.

Die Bezeichnungen der News-Groups sind in den meisten Fällen selbsterklärend. Unter dem Begriff alt.support findet man demnach vornehmlich Selbsthilfegruppen.

Wissenschaftliche Medizindiskussionen sind unter bionet aufzufinden.

Fachbezogene Gruppen zum Thema Medizin sind meist unter sci.med und seinen weiteren Untergruppen zu finden.

Ein deutschsprachiges Diskussionsforum hat die Adresse de.sci.medizin. Hier nun eine Auswahl von News-Groups in alphabetischer Reihenfolge:

alt.alcohol	Alkohol und Alkoholmißbrauch
alt.angst	Angstzustände
alt.drugs	Drogendiskussion mit speziellen Untergruppen

alt.health.dental-amalgam	Amalgamdiskussion
alt.infertility	Unfruchtbarkeit
alt.med.allergy	Allergien
alt.med.cfs	Chronic Fatigue Syndrome
alt.meditation	Meditation
alt.psychology	Psychologie mit einigen Untergruppen
alt.suicide	Selbstmord
alt.support.arthritis	Selbsthilfe: Arthritis
alt.support.abuse-partners	Selbsthilfe: Mißbrauch von Ehepartnern
alt.support.anxiety-panic	Selbsthilfe: Angstzustände
alt.support.asthma	Selbsthilfe: Asthma
alt.support.breastfeeding	Selbsthilfe: Stillen
alt.support.cancer	Selbsthilfe: Krebs
alt.support.cancer.prostate	Selbsthilfe: Prostatakrebs
alt.support.crohns-colitis	Selbsthilfe: M. Crohn
alt.support.depression	Selbsthilfe: Depressionen
alt.support.diabetes.kids	Selbsthilfe: juveniler Diabetes
alt.support.diet	Selbsthilfe: Diätpflichtige
alt.support.divorce	Selbsthilfe: Scheidung
alt.support.epilepsy	Selbsthilfe: Epilepsie
alt.support.headaches-migraine	Selbsthilfe: Migräne
alt.support.menopause	Selbsthilfe: Menopause
alt.support.non-smokers	Selbsthilfe: Raucher
alt.support.schizophrenia	Selbsthilfe: Schizophrenie
alt.support.sleep-disorder	Selbsthilfe: Schlafstörungen
alt.support.stuttering	Selbsthilfe: Stottern
alt.support.shyness	Selbsthilfe: Schüchternheit
alt.support.tinnitus	Selbsthilfe: Tinnitus
bionet.audiology	Wissenschaft/Forschung: Audiologie
bionet.immunology	Wissenschaft/Forschung: I Immunologie
bionet.journals.contents	Wissenschaft/Forschung: Neueste Veröffentlichungen
bionet.mycology	Wissenschaft: Mykologie

bionet.toxicology	Wissenschaft/Forschung: Toxikologie
de.alt.naturheilkunde	Deutsch: Naturheilkunde
de.etc.notfallrettung	Deutsch: Notfallrettung
de.sci.medizin	Deutsch: Medizindiskussion
de.sci.medizin.diabetes	Deutsch: Diabetes
de.sci.medizin.misc	Deutsch: verschiedene Themen
sci.med	Medizin: allgemein
sci.med.aids	Medizin: Aids
sci.med.dentistry	Medizin: Zahnheilkunde
sci.med.laboratory	Medizin: Labormedizin
sci.med.nutrition	Medizin: Ernährung
sci.med.orthopedics	Medizin: Orthopädie
sci.med.pathology	Medizin: Pathologie
sci.med.pharmacy	Medizin: Pharmazie
sci.med.radiology	Medizin: Radiologie
sci.med.psychology	Medizin: Psychologie
sci.med.research	Medizin: Forschung
tum.info.medizin	Informationen der TU-München
zer.t-netz.med.allgemein	Allgemeinmedizin

Eine ausführliche Beschreibung, wie man z.B. mit dem Netscape Communicator News-Groups abonnieren und an Diskussionen teilnehmen kann, findet sich in Kapitel 6.6.

11 Interessantes aus dem nicht-medizinischen Bereich

In diesem Abschnitt soll ein kurzer Ausflug ins Internet stattfinden. Über die in Kapitel 8 angegebenen Suchsysteme lassen sich zu jeder Rubrik noch zahlreiche weitere Anbieter herausfinden. Ist in der folgenden Auflistung aus einem Bereich nur ein Anbieter als Beispiel aufgeführt, so bedeutet dies nicht, daß nicht auch zahlreiche andere Anbieter aus derselben Sparte im Internet vertreten sind. Das Angebot im Internet ist so überwältigend groß, daß hier nur ein winziger Bereich vorgestellt werden kann. Sicherlich haben Sie bereits selbst aus verschiedenen Quellen WWW-Adressen erfahren, die Sie gerne besuchen möchten.

11.1 Nachrichten

Tagesschau

http://www.tagesschau.de/
Unter der Adresse tagesschau.de werden von der ARD die Themen der aktuellen Tagesschau-Sendungen und auch zurückliegender Sendungen präsentiert. Dieses Angebot im Internet ist v.a. auch dann interessant, wenn man sich im Ausland befindet und keinen deutschen Fernsehempfang hat.

Focus

http://www.focus.de/
Der Burda Verlag präsentiert mit Focus Online einen der meistbesuchten Online-Informationsdienste. Dieser Dienst zeichnet sich besonders durch seine hohe Aktualität aus. Auch die Auswahl der Themen, welche hier behandelt werden, wird sehr sorgfältig getroffen. Die Koppelung an die Suchmaschine „Infoseek" rundet das Angebot ab.

Frankfurter Allgemeine Zeitung
http://www.faz.de/
Das Online-Angebot der Frankfurter Allgemeinen Zeitung bietet neben dem Leserservice und dem Verlagsverzeichnis die Möglichkeit der Recherche im FAZ-Archiv.

Der Spiegel

http://www.spiegel.de
Wie Focus bietet auch Spiegel Online tagesaktuelle Informationen aus
seiner Nachrichtenredaktion. Das Spiegel-Angebot versteht sich ebenfalls als Ergänzung des Printmediums.

Stern
http://www.stern.de/
Der Stern präsentiert sich in neuer Aufmachung und hält, wie auch die
anderen Nachrichtenmagazine, wissenswertes für den Online-Surfer bereit.

Süddeutsche Zeitung

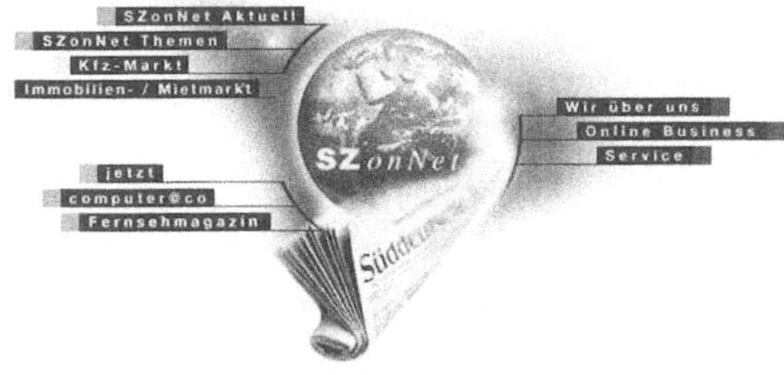

http://www.sueddeutsche.de

Die Süddeutsche Zeitung publiziert besonders in den Anzeigenbereichen maßgebliche Teile ihres Printproduktes auch online, wobei aber noch nicht vollständig auf die eigentliche Zeitung verzichtet werden kann. Bereits ab 22 Uhr lassen sich ausgewählte Artikel der SZ vom Folgetag abrufen.

Die Welt
http://www.welt.de/
Angebot der Zeitung Die Welt.

MSNBC
http://www.msnbc.com/news/
Angebot eines Nachrichtendienstes in Zusammenarbeit mit Microsoft und NBC.

The Wall Street Journal
http://www.wsj.com/
Unter der genannten Adresse findet sich die interaktive Version des bekannten Wall Street Journal. Allerdings ist dieser Informationsdienst nicht kostenfrei. Test-Abonnements können interaktiv bestellt werden.

BR-Online

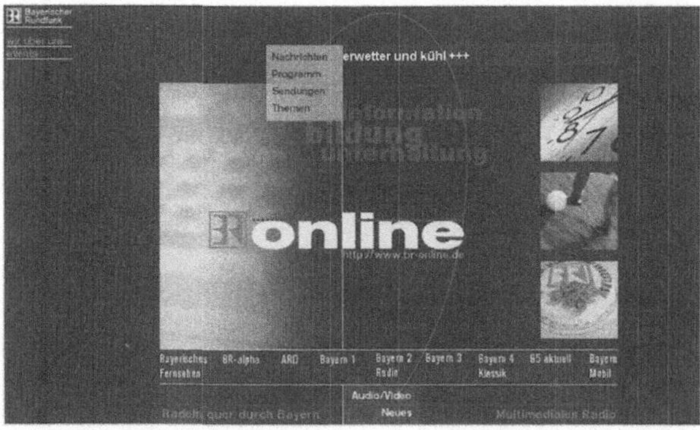

http://www.br-online.de/
Das Internet-Angebot des Bayerischen Rundfunks enthält u.a. die Möglichkeit, aktuelle Radiosendungen wie z.B. die Beiträge von B5 aktuell als Soundfiles auf die eigene Festplatte zu laden.

11.2 Politik

Amnesty International

http://www.amnesty.org/
Informationsserver von ai. Amnesty International weist auch im Internet auf Verstöße gegen die Menschenwürde hin.

Bayern Online
http://www.bayern.de
Dies ist der offizielle Server der Bayerischen Staatskanzlei. Mit der Initiative Bayern Online beschreitet die bayerische Staatsregierung richtungsweisend den Weg moderner Kommunikationsformen. Über die sog. Bürgernetzvereine wird es bayerischen Bürgern ermöglicht, Internet-Zugang zu erhalten. Der Bayern-Server beschäftigt sich auch mit Fragen der Wirtschafts-, Umwelt-, Ausbildungs- und Europapolitik sowie des Tourismus.

Bundesgesundheitsministerium
http://www.BMGesundheit.de/
Das Bundesministerium für Gesundheit informiert über seine Tätigkeitsbereiche.

Deutscher Bundestag
http://www.bundestag.de
Neben Pressemitteilungen, Tagesordnungen und Protokollen bietet dieser Server einen umfassenden Überblick über Abgeordnete mit Biographien, Gremien, Fraktionen sowie ausführliches Informationsmaterial zum Bundestag und dessen Arbeitsweise. Hier kann man den für den eigenen Wahlkreis zuständigen Abgeordneten herausfinden, sowie Informationen über Wahlergebnisse erhalten.

11.3 Wirtschaftsinformationen

Financial Times
http://www.ft.com/
Die Online-Version der internationalen Finanzzeitschriften.
http://www.ftd.de
Homepage der Financial Times Deutschland.

Handelsblatt
http://www.handelsblatt.de/
Internet-Edition des Handelsblatt mit täglichen Börseninformationen.

Reuters
http://www.reuters.com/
Internationale Nachrichtenagentur.

Wirtschaft Online

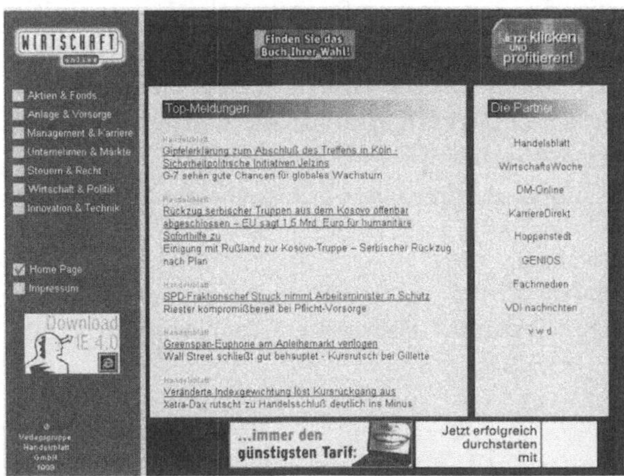

http://www.wirtschaft-online.de/
Wirtschaft Online ist ein integriertes Angebot der Verlagsgruppe Handelsblatt. Man findet hier Links zu den Zeitschriften DM, Wirtschaftswoche, vwd, Karriere Direkt, zu Hoppenstedt, Genios und den vdi-Nachrichten sowie zu den entsprechenden Archiven.

Vereinigte Wirtschaftsdienste

http://www.vwd.de/

Das Angebot der Vereinigten Wirtschaftsdienste besticht durch die nahezu minutenaktuelle Information zu wirtschaftsrelevanten Themen.

Wirtschaftsticker

http://de.news.yahoo.com

Wirtschaftsinformationssystem der Associated Press und der Deutschen Presse-Agentur in Zusammenarbeit mit Yahoo.

11.4 Banken/Online Broker

Bank 24

http://www.deutsche-bank-24.de

In beispielhafter Weise präsentiert sich die Deutsche Bank 24 im Internet. Besonders interessant hier sind tausende internationaler Aktiencharts, die tagesaktuell und in grafischer Form präsentiert werden.

Comdirect Bank

http://www.comdirect.de

Direktbank-Tochter der Commerzbank mit Schwerpunkt auf Online-Brokerage und dem Vertrieb standardisierter Bankprodukte.

Consors

http://www.consors.de/

Online Brokerage Unternehmen mit breiter Dienstleistungspalette.

Deutsche Bank

http://www.deutsche-bank.de

Umfangreiches Informationsangebot der Deutschen Bank.

Dresdner Bank

http://www.dresdnerbank.de/

Das Angebot der Dresdner Bank im Internet.

Direkt Anlage Bank

http://www.diraba.de

Online Brokerage Angebot der Direkt Anlage Bank.

11.5 Autos

Auto.de

http://www.auto.de

Der Anspruch von Auto.de ist es, zu einer der führenden Autobörsen im deutschsprachigen Internet zu werden.

Audi

http://www.audi.de

Grafisch und inhaltlich sehr anspechendes Angebot der AUDI AG.

BMW

http://www.bmw.de
Homepage des Münchener Automobilherstellers.

DaimlerChrysler
http://www.daimlerchysler.de/
Internet-Pages der DaimlerChrysler AG.

Porsche
http://www.porsche.de/homepage.htm
Website der Dr. Ing. H.c. F. Porsche AG.

11.6 Reisen

Deutsche Bahn
http://www.bahn.de/
Ausführlicher Auskunftsserver der Deutschen Bahn AG. Insbesondere kann man hier sämtliche Verbindungen und Fahrpläne online abfragen. Ein sehr sinnvolles Instrument für die Reiseplanung.

Lastminute
http://www.lastminute.de/
Wie der Name schon verrät, bietet dieser Server Lastminute Angebote verschiedener Anbieter.

Lufthansa Infoflyway

http://www.lufthansa.com/

Auf dem Infoflyway der Lufthansa werden regelmäßig Flugtickets versteigert oder andere interessante Dinge veranstaltet. Ein Besuch lohnt daher immer. Wer seinen LH-Flug hier bucht, bekommt außerdem bis zu einem bestimmten Stichtag bis zu 1.000 Bonusmeilen extra.

Reiseservice
http://www.reiseservice.de
Unter dieser Adresse finden sich nützliche Urlaubs- und Reisetips, sowie alles, was mit Hotels, Reisevorbereitung, Flügen, Rundreisen, Sightseeing und Online-Reservierung zu tun hat. Das Angebot ist eine Linkliste, in die Rubriken Anbieter, Service, Kultur, und Geld gegliedert und führt zu einer Online-Buchungsmaschine.

Stern Newsletter
http://www.stern.de/
Tips und kurzfristige Sonderangebote bietet der Stern unter der Rubrik Newsletter kostenlos per E-Mail.

Travel Overland
http://www.travel-overland.de/
Wer, besonders auch als Student, auf der Suche nach den günstigsten Tarifen ist, findet hier genau den richtigen Server. Die intelligente Struktur dieses Angebots macht es möglich, daß auch die kleinsten Detailinformationen zur gewünschten Flugroute und den damit verbundenen Konditionen mitgeteilt werden. Ein absolut empfehlenswerter Server.

11.7 Sonstiges

Dietrich Maßhemden
http://www.dietrich.com/
Aus dieser witzigen Seite lassen sich individuell Maßhemden zusammenstellen und ordern.

Firstsurf
http://www.firstsurf.com/
Firstsurf ist ein sehenswertes Internetmagazin für den Einsteiger. Hier erhält man Informationen rund um das Internet. Man kann Last-Minute-Schnäppchen ergattern, einen interaktiven Knigge-Test durchführen oder die neuesten Entwicklungen im WWW verfolgen.

Juristische Datenbank
http://www.jura.uni-sb.de/internet/Datenbanken.html

Pointcast
http://www.pointcast.com/
Pointcast zählt zu den Pionieren des Webcasting. Hier kann die Pointcast-Bildschirmschoner-Software, welche einen nicht unbeträchtlichen Umfang hat, heruntergeladen werden. Webcasting ermöglicht die individuelle Auswahl von Informationsinhalten, die dann regelmäßig an den Nutzer versandt wird. So lassen sich z.B. aktuelle Aktienkurse der New Yorker Börse als Bildschirmschoner benutzen.

SER Quantum
http://www.quantum.de/zahlen/index.html
Quantum liefert alles, was mit Zahlen zu tun hat. Hier gibt es die Postleitzahlen, auch von Großempfängern und Postfächern, Bankleitzahlen, Flughafenkürzel und internationale und nationale Telefonvorwahlen etc.

TV Movie
http://www.tvmovie.de
TV Movie ist ein Beispiel dafür, wie im Bereich der Fernsehzeitschriften das Internet als minutenaktueller Dienst eingesetzt werden kann. Mit der Rubrik „Was beginnt in den nächsten 5-10-20-30-60 Minuten" wird dies auf eindrucksvolle Weise demonstriert. Auch zahlreiche andere Fernsehzeitschriften nutzen bereits das Internet als Informationsmedium.

TV Today
http://www.tvtoday.de/
Interaktives Fernsehprogramm mit zahlreichen Zusatzfunktionen.

UPS
http://www.ups.com
Auf dieser designtechnisch sehr hochwertigen Internet-Seite präsentiert der Paket-Dienst UPS sein Dienstleistungsangebot. Interessant hierbei ist, daß jeder Kunde die Möglichkeit hat, sein persönliches Paket zu verfolgen. UPS kann zu jeder Zeit darüber Auskunft geben, wo sich das entsprechende Paket gerade befindet. Selbstverständlich sind auch die aktuellen Preislisten für diesen Dienst erhältlich.

Virtuelle Bar
http://www.leo.org/information/info_dienste/info_sammlung/drinks
In der virtuellen Bar lassen sich Hunderte von Cocktailrezepten nach den
individuellen Vorgaben abfragen. Ein Muß für jeden Cocktailfreak.

Webreference
http://www.webreference.com
Hier finden Sie jede Menge Informationen rund um das Thema Web,
Web-Design, HTML, JavaScript, XML und vieles mehr.

Wetterkarte
http://www.physik.uni-greifswald.de/~haberlan/wetter.html
Jeder Internet-Benutzer kann sich zu jeder beliebigen Zeit das aktuelle
Meteosat-Wetterphoto auf seinen PC laden. Dies kann insbesondere bei
der Planung von Urlaubsfahrten oder Wochenendausflügen wichtig sein.

Wetter-Satellitenfoto

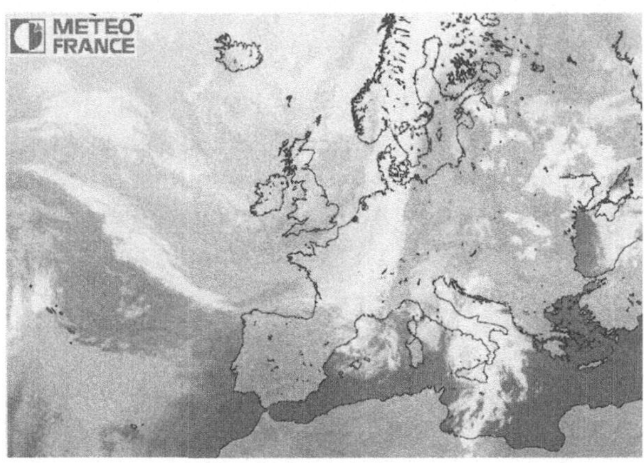

http://www.met.fu-berlin.de/wetter/meteosat/satt.jpg
Aktuelles Satellitenfoto des Meteosat.

12 Die eigene Adresse im Internet

12.1 Allgemeines

Seit der Novellierung der Muster-Berufsordnung durch den 100. Deutschen Ärztetag im Mai 1997 in Eisenach ist Ärzten die Präsentation von praxisbezogenen Informationen im Internet erlaubt. Dieses Kapitel ist für diejenigen Leser gedacht, die eigene Inhalte bzw. Informationen iherer Praxis oder ihres Unternehmens im Internet zugänglich machen wollen. Das exponentielle Wachstum der Mitgliederzahlen von Online-Diensten und Providern zeigt überdeutlich, wie stark diese Art von Kommunikation weltweit angenommen wird. Die bedeutendsten Vorteile elektronischer Kommunikation sind die Geschwindigkeit und die Aktualität, mit welcher Informationen bereitgestellt werden können, sowie die Möglichkeit der Interaktivität.

Wie die Beispiele aus den Kapiteln 9 und 11 zeigen, ist bereits eine große Anzahl von Unternehmen im Internet bzw. in den Online-Diensten vertreten.

Auch für Ärzte, Zahnärzte und Apotheker werden die entsprechenden Werbeverbote Schritt für Schritt gelockert. So präsentieren sich bereits heute einige Mediziner mit virtuellen Praxisschildern im Internet. Die Internet-Gemeinde im Medizin-, Zahnmedizin- und Pharmabereich wächst stetig.

Es gibt grundsätzlich verschiedene Stufen der Annäherung an das Elektronische Medium. Die einfachste Variante ist die Teilnahme an E-Mail.

12.2 Persönliche E-Mail-Adresse

Durch die Nutzung von E-Mail wird sich in der nahen Zukunft die Betreuung von Patienten und Kunden nachhaltig verändern. Entsprechend der Altersstruktur, die in einer Praxis unter den Patienten vorherrscht, besitzen diese bereits zahlreiche eigene E-Mail Adressen. Es liegt daher auch für den Arzt nahe, seinen Patienten einen zusätzlichen Service zu bieten. Dies kann von allgemeinen Informationen z.B. über Notdienste und Urlaubsvertretungen, Pollenflugwetterlage etc. bis hin zu patientenspezifischen Serviceleistungen gehen. Das Besondere an der E-Mail Kommunikation ist einerseits der günstige Preis für Massen E-Mails (hier kann für eine Telefoneinheit an alle Patienten eine Mitteilung gesandt werden), andererseits die uneingeschränkte Erreichbarkeit der Empfänger (E-Mail Postfächer sind Tag und Nacht aufnahmebereit).

Eine private E-Mail-Adresse ist bei allen Online-Diensten bereits im Grundpreis inbegriffen und kann sogar in gewissem Umfang individualisiert werden.

So können bei allen Online-Diensten Namenskürzel für die E-Mail-Adresse verwendet werden. Die Adresse von Hans Meier bei AOL könnte somit lauten: hmeier@aol.com.

Bei derartigen Adressen bleibt ersichtlich, bei welchem Online-Dienst man registriert ist, da der Name des Online-Dienstes immer auch in der E-Mail-Adresse erscheint.

12.3 Die eigene Homepage im WWW

Der zweite große Schritt ist die eigene Homepage im Internet. Verschiedene Online-Dienste wie auch der medizinische Dienst multimedica bieten diesbezüglich sogar kostenfreie Homepages an.

Das Angebot richtet sich an alle niedergelassenen Ärzte, Kliniker und Mediziner in Ausbildung und Verwaltung und beinhaltet die kostenlose Einrichtung von Arzt-Homepages. Die Anmeldung erfolgt online durch Ausfüllen eines Formulars, das dann per Email versendet wird. Ärzte die noch nicht „am Netz" sind, können Ihre Daten auch (offline) in Vordrucke eintragen und per Fax oder Post zustellen.

Voraussetzung zur Registrierung ist der Arztnachweis mittels Praxisstempel bzw. Approbation.

Vorteile für den Arzt mit „virtuellem Praxisschild" sind die permanente Erreichbarkeit für Patienten und Kollegen sowie die Möglichkeit zur Darstellung praxisorganisatorischer und medizinischer Informationen: Praxislage in Bezug auf öffentliche Verkehrsmittel, Hinweise zu Sprechstunden und Urlaubszeiten und die Beschreibung des Untersuchungs- und Behandlungsspektrums seiner Praxis.

Die Darstellung von Arztpraxen im Internet wird in Zukunft auch unter Beachtung der Werbevorschriften zu einer Selbstverständlichkeit werden.

Wer schon heute die eigene Homepage einrichten möchte, kann sich der Angebote der Online-Dienste bedienen. Diese stellen auch für Html-Seiten von Mitgliedern entsprechende Serverkapazität zur Verfügung.

Bei der Nutzung des Hompage-Angebotes eines Online-Dienstes ist allerdings die Adresse der eigenen Homepage der Adresse des Anbieters untergeordnet.

Um dies zu umgehen kann man alternativ eine eigene Domain betreiben, um den eigenen Namen als Domainnamen zu besitzen. Diese Variante ist allerdings recht kostspielig.

12.4 Software für die Homepagegestaltung

Für denjenigen, der sich etwas weiter in das Thema Homepage einarbeiten will und sich vielleicht sogar eine eigene Homepage selbst programmieren möchte, hier einige Softwaretips:

Netobjects Fusion

http://www.netobjects.com
Netobjects Fusion ist ein professioneller WYSIWYG (What You See Is What You Get) Editor, mit dem ganze Internetauftritte einfach gestaltet werden können. Das fertige Ergebnis kann dann auf einem Server abgelegt werden.

Dreamweaver

http://www.macromedia.com

Wie bei Netobjects handelt es sich beim Dreamweaver um einen sehr gut bedienbaren WYSIWYG Editor.

One for All (1-4-all)

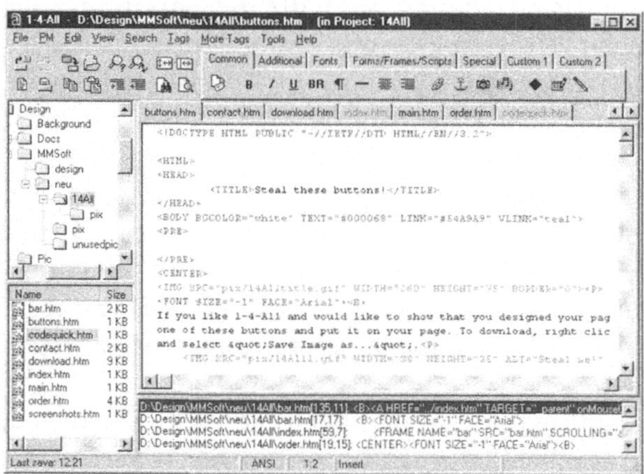

http://www.mmsoftware.com

Wer etwas tiefer in die Detailprogrammierung einsteigen will, eine günstige Alternative sucht oder sich auch in HTML-Programmierung etwas auskennt, für den ist 1-4-all ein nahezu optimales Instrument. In einfacher und übersichtlicher Weise läßt sich hier HTML-Quellcode erstellen oder ändern.

Ulead PhotoImpact

http://www.ulead.com

Ulead PhotoImpact ist ein hervorragendes Programm um Photos und Buttons für die eigene Homepage zu entwerfen bzw. zu bearbeiten. Unter der Bezeichnung Cool 3D gibt es ein Zusatzprogramm mit welchem man professionelle 3D Effekte kreieren kann.

Von den benannten Programmen lassen sich Demoversionen bzw. zeitlich limitierte Testversionen aus dem Internet downloaden.

13 Datenschutz und Datensicherheit

13.1 Allgemeines

Computer in Praxen und Kliniken dienen nicht mehr nur der Datenverarbeitung allein, sie sind gleichzeitig umfangreiches Speichermedium. Außerdem bieten sie, entsprechend ausgerüstet, Zugang zu Netzwerken wie dem Internet. Sie können also sensible Daten produzieren, speichern, abrufen und weitergeben. Das Problem des Datenschutzes bzw. der Datensicherheit wird offensichtlich, bedenkt man zum einen, daß oftmals mehrere Personen Zugang zu einem Rechner haben, zum anderen, daß der Weg ins Internet keine Einbahnstraße, sondern immer auch eine offene Tür zum eigenen Rechner darstellt. Daher sollte auf ein Mindestmaß an Sicherheit im Umgang mit Computern und computergestützter Kommunikation geachtet werden. Zwar gibt es allgemein keinen absoluten Schutz vor Hackern mit hoher krimineller Energie, allerdings läßt man die Tür seines eigenen Hauses auch nie unverschlossen. Es sollte insgesamt eine möglichst komfortable Nutzung des Rechners bei größtmöglicher Sicherheit vor unerwünschter Manipulation gewährleistet werden.

13.2 Aufklärung und Transparenz

Der erste immer wieder unterschätzte Schritt zur Datensicherung ist die Aufklärung. Alle Benutzer eines Rechners oder Netzwerkes sollten über die Notwendigkeit sowie Art und Weise von Sicherungsmechanismen informiert werden. Gleichzeitig müssen diese Mechanismen für einen Anwender intuitiv, d.h. ohne umfangreiche Erklärungen zu bedienen sein, so daß der gewünschte konsequente Schutz erzielt werden kann. Die dabei zugrundeliegende Sicherheitsstrategie sollte klar und verständlich formuliert und auf die entsprechenden Bedürfnisse einer Praxis oder Klinik zugeschnitten sein.

13.3 Zugangsberechtigung

Praktizierter Datenschutz beginnt schon beim Zugriff auf einen Computer. Dieser kann sowohl von einer Person am Rechner selbst als auch durch einen weit entfernten Anwender über das Internet erfolgen.

Ein einfacher Weg des Schutzes ist daher die Kontrolle der System-Zugangsberechtigung. Die Identität des Nutzers sollte immer bekannt und gesichert sein. Diese sogenannte Authentifikation ist auf mehreren Wegen möglich:

Sehr häufig wird beim Starten der Hard- und Software nach **Kennwörtern** gefragt. Diese können entweder bei erstmaliger Verwendung eines neuen Rechners festgelegt oder im Falle von Netzwerken mit den entsprechenden Systemverwaltern vereinbart und eingestellt werden. Bei der Auswahl der Paßwörter sollte man einige einfache Regeln beachten:

- Nicht den eigenen Namen oder das Geburtsdatum oder sonstige personenbezogenen Zahlen/Daten verwenden.
- Neben der Kombination mit Sonderzeichen sollte man die Groß- und Kleinschreibung variabel einsetzen.
- In unregelmäßigen Abständen sollte das Kennwort geändert werden.
- Man sollte die Anzahl der erlaubten Fehlversuche limitieren.

Eine Steigerung der Sicherheit wird durch **Einmal-Paßwörter** erreicht. Der Benutzer hat dabei eine Art Mini-Taschenrechner (Taschenauthentifikator oder Token), in dem eine Uhr und ein geheimer Schlüssel miteinander verknüpft sind. Damit werden minütlich neue Codes (= Kennwörter) produziert, die auf einer Anzeige abgelesen und in den Computer auf Anfrage eingegeben werden müssen. Dort befinden sich nun ebenfalls Uhr und Schlüssel, die die Kennwörter vorausberechnen. Wenn beide übereinstimmen, wird der Zugang erlaubt. Die Paßwörter werden dann, wie der Name impliziert, nach einmaligem Gebrauch ungültig.

Zusätzlich können die ersten vier Ziffern der einzugebenden Zahl ein PIN-Code (PIN = personal identification number) sein, der immer mit der Zufallszahl kombiniert genannt werden muß, wodurch der Schutz noch verstärkt wird.

Ein anderes Verfahren ist das **Challenge-Response-Verfahren**. Hierbei wird anstelle der Überprüfung eines Kennwortes eine Frage gestellt (challenge), die entsprechend beantwortet werden muß (response), um den gewünschten Zutritt zu bekommen. Fragen und Antworten werden auf dem gleichen technischem Weg wie die Einmal-Paßwörter produziert und kontrolliert.

Karten mit Magnetstreifen, auf dem persönliche Daten gespeichert werden, sind aus dem Bereich des Bankwesens bekannt. Diese Karten und die entsprechenden Lesegeräte können ohne großen Aufwand in Rechneranlagen integriert werden. Es ist auch möglich, die bekannten Patientenchipkarten-Lesegeräte umzurüsten und zu erweitern. Einige Versionen sog. Smart Cards oder intelligenter Chipkarten sind bereits in der Testphase. Sie sollen in Zukunft sowohl als „health professional card" zur einwandfreien Authentifikation von medizinischem Personal dienen, als auch bei elektronischen Patientenakten in Kartenform eine große Rolle spielen. Die Chips auf den Karten können neben der Speicherung von Informationen auch Sicherungen wie Paßwortabfrage oder Challenge-Response-Verfahren durchführen.

Schließlich kann die **automatische Dokumentation** aller zustande gekommenen Verbindungen zwischen Benutzer und Rechner bzw. zwischen Rechner und Netzwerk erfolgen. Entweder geschieht dies auf dem eigenen Computer oder auf einem Zentralrechner im Bereich von Netzwerken, etwa durch die Registrierung der PIN-Codes, Kennwörter oder sonstiger einstellbarer Attribute.

13.4 Rechnerschutz innerhalb von Netzwerken

Es gibt zwei Gründe für einen verstärkten Schutz von Computern, die in Netzwerke integriert bzw. am Internet angeschlossen sind: Einerseits ist die Zahl potentieller Angreifer wesentlich höher, zum anderen kann ein einmal „geknackter" Rechner die Pforte zu einem internen Netzwerk, z.B. dem einer Klinik und damit zu einer entsprechend großen Datenmenge sein. Prinzipiell können diese Wege auch durch Sicherungsmechanismen wie Kennwörter oder Challenge-and-Response-Verfahren versperrt werden. Wegen der ungleich größeren Anzahl potentieller Angreifer und der Unmenge zur Verfügung stehender Daten bedarf es aber bei Netzwerken eines weitergehenden Schutzes im Sinne einer kontrollierten Öffnung. Diese kann durch sogenannte **Firewalls** erreicht werden. Firewalls in einem Netzwerk sind wie Brandmauern mit einem Tor und Pförtnern. Die Tor-und-Wächterfunktion wird durch Hard- und Software mit mehreren komplexen Filtersystemen erreicht, durch die alle Datenströme geschleust werden. Für bestimmte Daten sind diese Filter durchlässig, andere werden blockiert. Dies kann durch die Einstellung verschiedener Parameter wie Rechner-Adressen, Dienste oder Anwendungen und Inhalte geschehen, deren Nutzung oder Zugang dann verhindert wird.

Häufig teilt man selbst Dienstanbietern unfreiwillig wichtige Informationen mit. So wird bei jeder Anfrage über das Internet, also schon beim Anwählen von Adressen der **Absender** automatisch mitgesendet. Beim Zielrechner oder Server liegt diese Information dann ungeschützt vor und könnte dann für andere Zwecke mißbraucht werden. Es gibt mehrere Möglichkeiten, dieses zu verhindern:

- Man verändert die einzustellenden Angaben im Absenderteil der Mailfunktion. Diesen findet man im Menü „Optionen", Unterpunkt „Mail und News-Einstellungen", Unterpunkt „Identität".
- Man kann sich auch eines „Anonymizers" bedienen, der bei der Datensuche die entsprechenden Absenderangaben automatisch herausschneidet. Diese Funktion kann man im Internet unter der Adresse http:// www.anonymizer.com finden. Den Vorteil des entfernten Absenders zahlt man mit einer etwas reduzierten Geschwindigkeit beim Surfen oder gezielten Suchen.

Viele Anbieter im Internet wollen mehr über die Anwender wissen und die Benutzung der von ihnen geladenen Daten nachvollziehen und kontrollieren können. Daher werden immer häufiger auf Servern mit freier Software oder Suchmaschinen sog. **Cookies** mitgesendet.

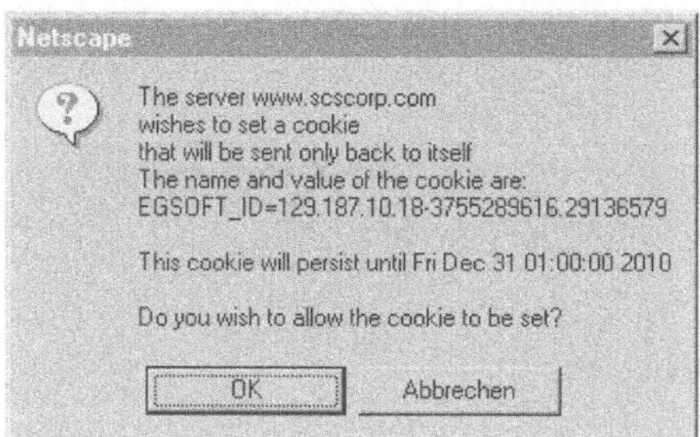

Abb. 13.1: Während des Surfens im Internet erscheint die Anfrage, ob ein Cookie gesetzt werden darf

Cookies sind Dateien, die dazu dienen, Informationen von der Festplatte, auf der sie gespeichert werden, an den Seitenanbieter (Server) weiterzugeben. So können z.B. Häufigkeit und Dauer der Seitennutzung nachvollzogen werden. Solche Ausforschungsdateien sollten daher bei unbekannten Anbietern nicht auf die Festplatte gelangen. Daher sollte man:

- Die Erlaubnis zur Cookie-Plazierung verweigern. Man wird automatisch vom angewählten Server über den Cookie, der mitgespeichert werden soll, informiert. Die dann folgende Frage: „Do you wish to allow the cookie to be set?" sollte mit „Abbrechen" (d.h. „nein") beantwortet werden. Dem Anwender entstehen dadurch keinerlei Nachteile außer einer etwas geringeren Geschwindigkeit beim Herunterladen der Informationen. Manche Internet-Anbieter sind in der Verwendung von Cookies ausgesprochen aufdringlich. Es kommt vor, daß man bis zu zwanzig mal hintereinander das Setzen eines Cookie ablehnen muß.
- Wenn mit „ok", d.h. „ja" geantwortet wurde, werden die Dateien automatisch in einem Verzeichnis wie C:\Windows\Cookies abgelegt. Bereits auf der Festplatte gespeicherte Cookies sollten nun gezielt über die Dateien-Suchfunktion der eigenen Software aufgespürt und gelöscht werden.
- Schließlich besteht die Möglichkeit, sich einen sog. Cookie-Crumbler (-Cutter, -Cruncher etc.) aus dem Internet auf die eigene Festplatte herunterzuladen.

Diese Software sorgt für die Suche und Entfernung von Cookies. Gleichzeitig kann man damit getrost die Plazierung von Cookies zulassen, da der Crumbler diese daraufhin automatisch abfängt und entfernt. Eine gute Adresse mit einer großen Auswahl derartiger Software (Freeware oder Shareware) ist http://www.davecentral.com/2248.html.

13.5 Online-Datentransport

Beim Transport von Informationen über die Datenautobahn muß man sich darüber im klaren sein, daß diese ähnlich sicher sind wie Informationen, die auf einer Postkarte versandt werden. Daten werden selten auf dem direkten Weg von Rechner A zum Rechner B geschickt, sondern, in Pakete zerlegt, über mehrere Zwischenstationen an den Adressaten gesendet (s. Kap. 4.3.2.1). Die Nachrichten können so an den unterschiedlichsten Stellen gelesen werden. Digitaler Datentransport, das Senden von z.B. E-Mails, sollte also bei Bedarf verschlüsselt werden.

Das technisch anspruchvollste und gleichzeitig sicherste Verfahren hierfür stellen **kryptographische Systeme** dar. Es handelt sich dabei im Prinzip um eine Abfolge von mathematischen Operationen (Algorithmen), die Codes zur Verschlüsselung (Chiffrierung) und Entschlüsselung (Dechiffrierung) produzieren. Das Ergebnis dieser Prozesse wird als sogenannter „Schlüssel" zusammengefaßt.

Klassisch ist die symmetrische Kryptographie, bei der Sender und Empfänger einen gemeinsamen (geheimen) Schlüssel haben, d.h. derselbe Code gilt für die Ver- und Entschlüsselung. Im II. Weltkrieg spielte die Kryptographiemaschine „Enigma" eine wichtige Rolle. Die Geschichte dieser schreibmaschinenähnlichen Apparatur zeigt gleichzeitig auch die Problematik der Ein-Schlüssel-Codierung auf: hat man den Schlüssel, kann man ihn für eigene Zwecke mißbrauchen und sowohl Sender als auch Empfänger täuschen, vor allem aber kann man ohne Probleme sämtliche Nachrichten lesen, die mit diesem Schlüssel-Code geschrieben wurden.

Weitaus sicherer sind daher die sogenannten asymmetrischen Verfahren mit einem öffentlichen, allen Teilnehmern z.B. in einem Netzwerk zugänglichen Schlüssel und einem privaten/geheimen Schlüssel für den Verfasser einer Nachricht.

Das Prinzip ist einfach: mit entsprechender Verschlüsselungssoftware wie z.B. dem PGP-Programm (s.u.) werden pro Benutzer immer zwei kompatible Schlüssel oder Codes hergestellt. Das Programm berechnet aus einer zufälligen Anschlagfolge auf der Computer-Tastatur ein Schlüsselpaar. Die (vorgegebene) Schlüssellänge ist wie der Umfang des Geheimcodes und wird in Bit gemessen. Je länger so ein Schlüssel, desto sicherer ist er, gleichzeitig kostet ein längerer Schlüssel aber auch mehr Zeit beim Verschlüsseln. Einer der beiden produzierten Codes (wird von der Software festgelegt) ist der öffentliche, und der wird jedem Interessenten zugänglich gemacht. Dies geschieht, indem der Schlüssel über das Internet auf einem sog. Key-Server hinterlegt wird, wo er wie auf einem Schlüsselring aufgehängt wird und für alle abrufbar ist. Hierbei muß natürlich die Identität desjenigen, der den Schlüssel dort hinschickt, einwandfrei feststehen, um jedem Schlüssel den richtigen Namen zuzuordnen und diesen auf Anfrage auch weitergeben zu können. Man muß also seinen öffentlichen Schlüssel unterschreiben. Dies erledigt auch die Kryptographie-Software durch das Erstellen von **digitalen Unterschriften**, die so fälschungssicher sind, daß der Digital Signature Standard der U.S. Bundesbehörden rechtsverbindliche Unterschriften über das Internet ermöglicht. Die Unterschriften können auch an jede E-Mail angehängt werden.

Der zweite geheime Schlüssel wird u.a. mit einem Paßwort (einem sog. Mantra, das der Anwender bestimmt) gesichert und sollte sicher unter Verschluß gehalten werden. Der Autor einer Nachricht *verschlüsselt* diese nun mit dem *öffentlichen Schlüssel des Empfängers* der Nachricht. Den Schlüssel hat er sich vorher vom öffentlichen Schlüsselring (Key-Server) besorgt. Der Empfänger wiederum *entschlüsselt* den Text mit *seinem geheimen Schlüssel*. Also ist die Nachricht im Klartext nur dem Absender und dem Empfänger nach Entschlüsselung bekannt. Wenn nun der Autor den Klartext gelöscht hat und nur noch die bereits verschlüsselte Version hat, kann er seine eigene Nachricht nicht mehr lesen.

Sehr empfehlenswert sind also asymmetrische Verschlüsselungsprogramme, die teilweise als Freeware aus dem Internet bezogen werden können. Eine hilfreiche Verschlüsselungssoftware ist das PGP-Programm (Pretty Good Privacy) des amerikanischen Autors Phil Zimmermann, hauptsächlich eine Verschlüsselungssoftware für elektronische Nachrichten (E-Mails), siehe auch http://www.nai.com/.

Ebenso können damit aber auch fälschungssichere digitale Unterschriften erstellt werden.

13.6 Computerviren

Elektronische Viren können sowohl die Funktion als auch den Inhalt der Festplatte und Software dramatisch stören und verändern. Solche Programme können entweder

- auf verseuchten Disketten,
- versteckt in Programmen aus dem Internet oder
- über Dateien, die an harmlos aussehende E-Mails angehängt wurden,

auf den eigenen Rechner gelangen. Abhilfe schaffen hier Virusschutzprogramme, sog. Virusscanner. Es existieren eine Reihe unterschiedlicher Virusklassen, die sich jedoch in eine unüberschaubar große Menge von Subtypen untergliedern. Derzeit gibt es über 20.000 solcher Subtypen, wobei die größte Gefahr von den sog. Makroviren ausgeht. Vor allem in den Word- und Excel-Programmen von Microsoft werden beim Öffnen eines Dokuments als Makros bezeichnete Programme, die Steuerbefehle zusammenfassen, aufgerufen. Wenn nun ein solches Makro durch einen Virus infiziert ist, wird dieser automatisch beim Öffnen aktiviert und kann sein Zerstörungswerk beginnen. Werden Dateien mit solchen Makros erstellt und in Form von elektronischer Post als Attachment verschickt, werden die Viren auf weitere Rechner verbreitet. Die Virusschutzprogramme der neuen Generation bestehen im Prinzip aus einer Datenbank, die das Datenmaterial auf bekannte Virusmuster (Bytefolge der Viren) untersuchen, gefundene Viren eliminieren und infizierte Dateien wiederherstellen. Wichtig ist die Scanfunktion eines solchen Programmes: ein Virus sollte erkannt und beseitigt werden, bevor er sich auf dem eigenen Speichermedium festsetzt und aktiviert wird. Diese Schirmfunktion ist z.B. dann wichtig, wenn man häufig E-Mails mit Anhängen (Attachments) erhält. Beim Öffnen dieser Anhänge wird der Inhalt vom Virusscanner automatisch auf Virusbefall überprüft. Eine Übersicht über die gängigsten Antivirusprogramme und weitere Informationen sind z.B. unter http://www.tu-berlin.de/www/software/avprev.shtml zu finden.

14 Ausblick

Mit sehr hoher Geschwindigkeit werden derzeit weltweit die vorhandenen Datennetze ausgebaut, zugleich entstehen neue Netze. Nahezu alle Großkonzerne beteiligen sich am Aufbau der Infrastruktur für die Informationsgesellschaft. Sämtliche auf der Erde frei verfügbaren Daten werden dadurch in Sekundenschnelle für jeden Interessenten zugänglich. Diese Entwicklung macht vor keinem Bereich des öffentlichen Lebens halt.

Auch in der Medizin werden sich, bedingt durch die elektronische Kommunikation, einschneidende Veränderungen ergeben. Bereits heute werden in ersten Versuchsreihen Teleoperationen durchgeführt, bei welchen sich der behandelnde Arzt oder Spezialist weit weg vom Patienten befindet. Über elektronische Krankenakten, die auf Chipkarten oder in zentralen Rechnern vorliegen, kann sich der Arzt der Zukunft alle jemals von einem Patienten erhobenen Befunde innerhalb kürzester Zeit beschaffen. Dies schließt auch die Daten ein, die bereits heute in elektronischen Röntgenarchiven vorliegen. Auf diese Art und Weise lassen sich künftig hohe Kosten für Patiententransporte oder mehrfach erhobene Befunde einsparen.

Es ist überdeutlich, welche besondere Bedeutung in diesem Zusammenhang der Datenschutz und die Sicherheit der Datenleitungen einnehmen werden. Systeme, die einen maximalen Schutz der persönlichen Daten gewährleisten, sind eine Grundvoraussetzung für die Etablierung einer derartigen Versorgungsstrategie.

Mit Hilfe von Online-Diensten kann sich der interessierte Patient umfassend über jedes Krankheitsbild informieren. Neueste wissenschaftliche Erkenntnisse und Forschungsergebnisse werden mit vergleichsweise sehr geringer zeitlicher Verzögerung zugänglich. Fragen und Probleme, Therapievorschläge und -methoden lassen sich in Online-Diskusssionsrunden weltweit diskutieren. Diese Tatsache erfordert daher vom gewissenhaften Arzt eine Nutzung der angebotenen Informationsmedien.

Im technischen Bereich werden folgende Neuerungen und Entwicklungen die elektronische Kommunikation beeinflussen:

Webcasting/Internet-TV

Eine andere Entwicklung, die weiter zum Erfolg des Internet betragen wird, ist die Einführung des sog. Webcasting. Webcasting oder Broadcasting also das Senden über das Internet, ermöglicht die gezielte Informationsabfrage auf Bestellung. Dabei werden bestimmte Kanäle, die sog. Channels kreiert, die von den Nutzern ausgewählt werden können. Jeder Nutzer von Webcasting kann sich sein individuelles Programm zusammenstellen und erhält dann automatisch Informationen zugesandt. Diese Entwicklung verspricht sehr große Zuwachsraten, denn es hat sich gezeigt, daß der Internet-Nutzer nicht nur aktiv nach Inhalten suchen, sondern auch passiv Inhalte entsprechend seiner Interessenslage empfangen will. Mit Hilfe von Webcasting-Programmen lassen sich ganz bestimmte Artikel verschiedener Informationsquellen zu ausgewählten Themenkreisen individuell abonnieren. Der Nutzer bestimmt selbst, daß er z.B. Börsenberichte der Financal Times, den Sportteil der New York Times und die Wettervorhersage von Hamburg empfangen will. Die gewünschte Information kommt dann automatisch über das Internet und kann z.B. als Bildschirmschoner einen Börsenticker enthalten. Pioniere der Webcasting-Philosophie sind die Unternehmen Pointcast oder Marimba. Die Channel-Idee wurde aber auch bereits von Microsoft übernommen und in den neuesten Microsoft Explorer integriert. Bei Microsoft können nun Firmen Channels anmieten, über welche sie dann Informationen an ihre Kunden verbreiten können. Häufig ist in diesem Zusammenhang auch der Ausdruck Push-Marketing zu hören. Push-Marketing basiert auf der Passivität des Nutzers und stellt die gewünschten Inhalte zur Verfügung. Somit wird Webcasting einen nicht unbedeutenden Anteil an der Weiterentwicklung des Internets haben.

Elektronisches Buch

Wenn es nach den Vorstellungen der E-Book Hersteller geht, werden künftig Bücher nicht mehr gedruckt sondern aus dem Internet als Textfile heruntergeladen und über das Display eines elektronischen Buchs ausgegeben. Tatsächlich gibt es bereits riesige Volltext-Datenbanken mit nahezu der gesamten klassischen Weltliteratur zum download (http://gutenberg.aol.de).

Internet-Telefonie/Internet-Faxdienste

Der Internet-Telefonie wird eine große Zukunft vorhergesagt. Schon heute kann man mit spezieller Software weltweit zum Ortstarif über den Computer telefonieren. Einzige Voraussetzung ist, daß die Gegenstelle ebenfalls über die entsprechende Software verfügt.

Internet-Faxdienste nehmen E-Mails an und transportieren diese zu Faxservern, welche sich in der Nähe des Empfängers befinden. In der Adresse der E-Mail ist die Faxnummer des Empfängers enthalten, so daß eine Zuordnung sehr schnell und einfach möglich ist. Vom Faxserver werden die E-Mails als herkömmliches Fax, jedoch zum Ortstarif des Empfängerlandes versandt.

Satellitenkommunikation und Digital TV

Analog zum Webcasting besteht die Möglichkeit, Internet-Seiten, Videos, Grafik- und Soundfiles sowie digitale Fernsehsignale über Satelliten zu versenden. Dabei kann eine Datenübertragungsrate von bis zu 38 Mbit/s erreicht werden (Internet derzeit ca. 1-5 kBit/s). Besonders im Bereich der Business-to-Business-Anwendungen, aber auch zum Versand von medizinischen Aus- und Fortbildungsvideos, kann diese bereits einsatzfähige Kommunikationsform effektiv genutzt werden. Als Voraussetzung zum Empfang des digitalen Satellitensignals genügt z.B. eine ASTRA-Satellitenantenne zusammen mit einer entsprechenden Computerkarte.

Kabelmodem

Das Prinzip des Kabelmodems beruht auf der Nutzung der Kabelfernsehanschlüsse für weitere Dienste. Kabelmodems erlauben ebenfalls eine wesentliche Beschleunigung des Internet, werden jedoch wegen der enorm hohen Investitionskosten in den nächsten Jahren noch nicht flächendeckend erhältlich sein. Das Hauptproblem beim Kabelanschluß ist, daß aufgrund der derzeitigen Infrastruktur des Kabelnetzes (Fernsehsendungen und Radiosignale werden über das Kabel lediglich ausgestrahlt) kein Rückkanal möglich ist.

ADSL/T-DSL

Der flächendeckende Ausbau des ADSL bzw. T-DSL Angebots in Deutschland wird zu einer sehr effektiven Nutzung des Internet führen. Da durch ADSL eine vorhandene Infrastruktur genutzt werden kann, ist es möglich, daß sich diese Technik bereits in naher Zukunft durchsetzen wird.

Digitale Signatur

Die Digitale Signatur liefert eine Möglichkeit, sich elektronisch als legitimierter Absender einer Nachricht zu identifizieren. Für sämtliche Geschäfte im Rahmen des Electronic Commerce ist es notwendig, daß derjenige, der einen Auftrag oder eine Bestellung entgegennimmt weiß, wer die Bestellung aufgegeben hat. Signatursysteme beruhen auf einer ausgereiften Verschlüsselungstechnik und sind bereits anwendbar. Strittig ist noch, wer in welchem Rahmen und unter welchen Voraussetzungen die vertrauensvolle Aufbewahrung der Schlüssel übernimmt. Hierzu werden sogenannte „Trustcenter" eingerichtet.

Biometrische Identifikationsverfahren

Mittels biometrischer Systeme, die z.B. Fingerabdrücke, Irismuster oder Schädelabmessungen vergleichen, wird versucht, unverfälschliche Personenmerkmale zur eindeutigen Identifizierung heranzuziehen.

Verschiedene Geräte wie z.B. die BioMouse mit kombiniertem Finger-abdruck- und Chipkartenleser sind bereits auf dem Markt. Bisher ist es allerdings noch nicht gelungen, ein wirklich sicheres System zu entwickeln. Ob die Biometrie letztendlich einen Sicherheitsgewinn bringt ist ohnehin fraglich, denn letztendlich ist es auch hier eine Frage des Aufwandes eine biometrische Zugangskontrolle zu überwinden. Dies könnte durch technische Methoden oder aber auch durch Gewaltmaßnahmen vom geraubten Finger bis zur Entführung geschehen.

Agents

Agents sind spezielle Programme, die im Auftrag ihres Bedieners das Internet automatisch nach den gewünschten Inhalten durchforsten. Auf diese Art und Weise erhält man genau die gewünschte Information. Die Entwicklung von Agents ist bereits so weit vorangeschritten, daß das Agent-Programm die Vorlieben seines Benutzers automatisch erkennt und dann Vorschläge zu weiteren Inhalten liefern kann.

Geldtransfer/e-Cash/Cyberbucks

Durch die Freigabe der Verschlüsselungsalgorithmen wurde ein großes Problem bei der Übertragung sensibler Finanzdaten gelöst. Der Geldtransfer über das Internet ist dadurch wesentlich sicherer geworden. Es wird sich zeigen, inwieweit sich Projekte zu e-Cash und Cyberbucks durchsetzen, die von großen Bankhäusern weltweit unterstützt werden.

Glossar

@

Das sogenannte „at"- Zeichen („Klammeraffe" oder „commercial a") welches schon seit jeher im kaufmännischen Bereich verwendet wurde, erlangt durch die Verwendung als Trennzeichen in einer E-Mail Adresse eine neue wichtige Bedeutung. Das @-Zeichen kommt im Internet nur in E-Mail Adressen vor. Durch das @ wird der Name des Benutzers vom Namen des Servers getrennt. Beispiel: Korff@Medizin.de ist die E-Mail Adresse des Benutzers Korff auf dem Server Medizin in Deutschland.

Account (engl. Konto)
Nur wer einen Benutzer-Account bei einem der Online-Dienste oder Provider besitzt, ist berechtigt, die angebotenen Dienstleistungen in Anspruch zu nehmen. Der Account beinhaltet in der Regel auch ein persönliches Postfach .

Adresse
Alle Dienste und Angebote im Internet besitzen eine Adresse über die sie erreicht werden können. Die wichtigsten Dienste sind E-Mail (enthalten immer das @-Zeichen, s.o.) und World Wide Web, beginnend mit „www" oder „http://www".

ADSL (Asymmetric Digital Subscriber Line)
Technik, mit welcher über herkömmliche Telefonleitungen Daten in einer Geschwindigkeit von bis zu 9 Mbit/s übertragen werden können (vgl. ISDN: 64 kBit/s).

Agents
Programme, die automatisch Informationen im Internet sammeln. Siehe auch Knowbots.

Aktiv-Matrix Bildschirme
Siehe TFT.

Altavista
Suchmaschine im Internet, die eine Suche im gesamten Internet ermöglicht. Für Mediziner gibt es das spezielle Angebot www.Medivista.de.

Applet
Programm-Modul, häufig in der Programmiersprache Java, welches automatisch vom Browser abgearbeitet wird.

Algorithmus
Festgelegte Abfolge von mathematischen Prozessen. Die Methode der Kryptographie beruht auf Algorithmen, z.B. dem IDEA-Algorithmus oder RSA-Algorithmus.

Archie
Softwareprogramm, das als Suchwerkzeug benutzt werden kann, um ganz spezielle Dateien auf öffentlichen FTP-Servern zu finden. Wird zunehmend durch andere Suchwerkzeuge ersetzt.

ARPAnet
Das „Ur"-Internet der **Advanced Research Projects Agency** lieferte die Grundstruktur und die Ideen zur gegenwärtigen Funktionsweise. Diese grundsätzlichen Konzepte haben sich bis heute nicht verändert.

ASCII
American Standard Code for Information Interchange ist ein Zeichensatz, der aus 256 Zeichen besteht und keine landesspezifischen Umlaute enthält. Für E-Mail außerhalb oder zwischen verschiedenen Online-Diensten konnte lange nur dieser Standardzeichensatz verwendet werden. Inzwischen besteht aber auch die Möglichkeit, an E-Mails Binärdateien „anzuhängen", was die Übertragung sämtlicher Dateiformate zuläßt.

Attachment
Datei beliebigen Formats (Text, Bild, Video etc.) die an eine E-Mail angehängt und mit diesem versandt werden kann.

Auflösung
Als Auflösung wird die Anzahl der Bildpunkte (Pixel) bezeichnet, aus welchen der Bildschirm aufgebaut ist.

Authentifikation
Beweisen der eigenen Identität, wodurch das Starten von Hard- und Software möglich wird.

Backbone
Bezeichnung für die Datenleitung mit der größten Kapazität. Diese Datenleitungen stellen das Rückgrat für die Datenkommunikation im Internet dar.

Bandbreite
Bezeichnung für die Datenübertragungskapazität eines Netzwerkes. Die Bandbreite läßt sich in Bits pro Sekunde ausdrücken.

Banner
Werbeband oder Anzeige in einem WWW-Angebot. Durch Mausklick auf ein Banner gelangt man in der Regel zur Homepage des Werbetreibenden.

Basisanschluß
ISDN-Anschluß mit zwei B-Kanälen und einem D-Kanal.

Baud (Bd)
Anzahl der Signaländerungen pro Zeit. Ein 28.800 bd Modem ändert maximal 28.800 mal pro Sekunde seinen Status. Dabei können mehrere Bits pro Statusänderung übertragen werden.

BCC (Blind Carbon Copy)
Bietet die Möglichkeit, einen E-Mail-Text gleichzeitig an mehrere Adressaten zu versenden, ohne daß der jeweilige Empfänger nachvollziehen kann, an wen dieser Text noch versandt wurde (im Gegensatz zu CC).

Bibliotheken
Viele der weltweit führenden Bibliotheken haben bereits ihre wichtigsten Werke im Internet veröffentlicht. Obwohl häufig noch nicht im Volltext recherchiert werden kann, eignen sich die virtuellen Bibliotheken hervorragend, um einen umfassenden Überblick zu erhalten. Für Mediziner besonders interessant ist die kostenfrei zugängliche Medline Datenbank der National Library of Medicine (erreichbar über den Medizindex Deutschland unter www.medizin.de).

Binär
Aus zwei Zeichen (0 oder 1) aufgebaut.

Bit (binary digit)
Einheit für die Anzahl binärer Zeichen.

B-Kanal
Basis-Kanal eines ISDN-Basisanschlusses. Entspricht einer nutzbaren Telefonleitung. Übertragungsgeschwindigkeit eines B-Kanals: 64 Kbps.

Bookmark
Siehe Lesezeichen

Bps (Bits pro Sekunde)
Maß für die Datenübertragungsgeschwindigkeit.

Browser
Multifunktionsprogramm, das die Nutzung verschiedener Internet-Dienste erlaubt. Ein Browser bzw. die Browser-Software verschafft den Zugang zum Internet (z.B. Netscape Navigator, Microsoft Internet Explorer, Opera).

BTW
Abkürzung für: by the way (übrigens).

Byte
Gruppe von acht Bit.

Cache

Speicherplatz auf der Festplatte des eigenen PC, in welchem der Browser automatisch die Grafiken und Informationen der einmal besuchten Webseiten abspeichert. Beim erneuten Besuch der Seite können die Dateien dann direkt von der Festplatte anstatt über die Telefonleitung geladen werden. Die Größe des Cache kann unter „Bearbeiten-Einstellungen" selbst eingestellt werden.

Carbon Copy (CC)

Bietet die Möglichkeit, einen E-Mail-Text gleichzeitig an mehrere Adressaten zu versenden, wobei jeder nachvollziehen kann, an wen dieser Text noch versandt wurde (im Gegensatz zu BCC).

CAPI 1.0 CAPI 1.1

Nur für nationales ISDN. Kein Euro-ISDN. Durch CAPI 2.0 abgelöst.

CAPI 2.0

Common ISDN Application Programming Interface. Euro-ISDN-Version.

CD-ROM-Laufwerk

CD-ROM Laufwerke können nicht nur reguläre Musik CDs abspielen, sondern eignen sich auch für den Einsatz von CD-ROMS mit sehr großen Datenspeichern.

CDF (Channel Definition Format)

Offener Standard zur Einrichtung eines Push-Channels also einer Sendevorrichtung im Internet. Wird z.B. von Pointcast zum Webcasting eingesetzt.

cFOS

Kommunikationstreiber nach dem FOSSIL-Standard. Stellt den Kontakt mit dem CAPI der ISDN-Karte her.

CGI (Common Gateway Interface)

Protokoll, über das vom Programmierer externe Programme mit dem Web-Server gekoppelt werden können.

Chat
Gespräch im Internet, siehe auch IRC.

CIM
Abkürzung für CompuServe Information Manager. Das Softwarepaket CIM bietet die Möglichkeit, am Angebot des Online-Dienstes CompuServe teilzuhaben.

COM1/COM2
Bezeichnung für die Computerschnittstellen. Schnittstellen sind Steckplätze an der Rückseite des Computers, an welchen die Maus, der Drucker oder das Modem angeschlossen werden können.

CompuServe
Ältester, weltweit agierender Online-Dienst.

Cookies
Dateien, die von bestimmten Anbietern nach Rückfrage auf der eigenen Festplatte gespeichert werden und dann über nicht erkennbare Rückmeldungen eine anwenderbezogene Kontrolle ermöglichen.

Cookie-Crumbler
Programm, welches Cookie-Dateien auf der Festplatte sucht und löscht und die Speicherung neuer Cookies nur bis zu deren unmittelbar folgenden Entfernung zuläßt.

Cyberspace
Der gesamte digitale Kommunikationsraum. Die virtuelle Welt hinter dem Computer.

Deutsches Medizinforum
Umfangreiche Hintergrundinformationen und Diskussionsgruppen zum Thema Medizin. www.medizin-forum.de.

Dial-up
Verbindung eines Computers mit einem anderen Computer über die Telefonleitung.

digitale Unterschrift
Siehe Signatur.

D-Kanal
ISDN-Kanal für Steuersignale wie Rufnummernsignalisierung oder
Diensterkennung.

DNS
Das **Domain Name System** erlaubt die Benutzung symbolischer Bezeichnungen (Domains) für einen Internet-Rechner. Der in der Namens-
hierarchie jeweils übergeordnete Computer ist für die eindeutige Zuordnung der Domain-Namen zur entsprechenden IP-Adresse zuständig und
verantwortlich.

Domain
Name eines mit dem Internet verbundenen Host-Rechners.

Download
Herunterladen einer Datei (Programm) von einem Internet-Server.

DSS1
Euro-ISDN-Protokoll.

DVD (Digital Versatile Disk)
Nachfolger der CD-ROM mit Datenkapazitäten von 4,7GB bis 17GB.
DVD eignet sich mit dieser Speicherkapazität insbesondere auch für
Videos.

Ecash
Elektronisches Geld.

E-Mail
Electronic Mail ist der Basis-Internet-Dienst, der die weltweite Versendung elektronisch erstellter Dokumente erlaubt.

FAQ
Abkürzung für Frequently Asked Questions. FAQ-Listen bieten eine Übersicht häufig gestellter Fragen im Internet und beziehen sich sehr oft auf die Benutzung des Usenet.

File Attachment
Siehe Attachment.

Fingerprint
Eine sechzehnstellige Folge zweistelliger Kombinationen aus Zahlen und Buchstaben, mit deren Hilfe festgestellt werden kann, ob der öffentliche Schlüssel eines Verschlüsselungssystems wirklich von der angegebenen Person stammt.

Firewall
Programm, das den eigenen Computer oder den Computer einer Firma vor unautorisiertem Zugang (z.B. durch Hacker) schützt. Rechner und Software, welche in Kombination zur Absicherung von Datennetzen dient. Verschiedene Komponenten sorgen für überprüfte Datenströme von aussen nach innen und umgekehrt.

Flame
Mail mit boshaftem Inhalt.

Forum
Offene oder geschlossene Diskussionsplattform im Internet.

Frame(s) (Rahmen)
Rahmen ermöglichen die Betrachtung mehrerer verschiedener Internet-Seiten auf einem Bildschirm. Die neueren Browser sind befähigt, Rahmen darzustellen. HTML-Seiten werden durch Frames in mehrere Teildokumente aufgeteilt.

Freeware
Frei erhältliche und, im Gegensatz zur Shareware, frei benutzbare Software.

FTP
Abkürzung für File Transfer Protocol. FTP ist einer der Internet-Dienste.
Mit Hilfe von FTP lassen sich Dateien von entfernten Servern auf den
eigenen Computer laden. Bei den Dateien kann es sich um jegliche Art
von Dokumenten handeln, also neben Textdateien auch um Programme,
Fotos, Videos usw.

Gateway
Verbindung eines Rechners zu einem Host des Internet. Teil einer
Sicherungskonfiguration in Netzwerken, die als Relais für die vom
Firewall blockierten Informationen und Dienste dient.

GBG (Geschlossene Benutzergruppe)
Innerhalb einer GBG kann nur agieren, wer dem Webmaster als regi-
strierter Teilnehmer bekannt ist. Hier können auch Informationen
weitergegeben werden, die nicht für die Allgemeinheit bestimmt sind.

GIF (Graphics Interchange Format)
Ein von CompuServe entwickeltes Grafikdateiformat, das sehr häufig in
HTML-Seiten des WWW Anwendung findet. Da nur 256 Farben darstellbar
sind, bleiben die GIF-Dateien klein und sind schnell zu übertragen.
Animated GIFs erlauben die filmähnliche Darstellung mehrerer aufein-
ander folgender Einzelbilder im GIF-Format.

Gopher
Älterer Internet-Dienst, der auf einer Menüstruktur basiert und ein
einfaches Auffinden von Quellen im Internet ermöglicht. Wird zunehmend durch das WWW ersetzt.

Health professional card
Die Authentifikation eines Arztes beim Starten der Abfrage von (Pa-
tienten-)Daten, die entweder als Elektronische Patientenakte auf einem
Server oder auf einer Patienten-Chipkarte gespeichert sind.

Hits
Anzahl der Dateizugriffe auf einen Server.

Homepage
Begrüßungs- oder Startseite einer Person oder Organisation im WWW, die aufgerufen wird, wenn man den betreffenden WWW-Server ansteuert.

Host
Computer, der in Verbindung mit dem Internet steht, einen eindeutigen, weltweit identifizierbaren Domain-Namen besitzt und als Server für Internet-Dienste oder zur Weiterleitung (Router) von Informationen dient. Jeder Host ist auch ein Server.

HTML (Hypertext Markup Language)
Programmiersprache zur Erstellung von WWW-Seiten.

HTTP (Hypertext Transfer Protocol)
Festgelegtes Protokoll, gemäß dem Client und Server während einer Hypertext-Verbindung kommunizieren. Grundlage der Kommunikation im WWW.

Hyperlink
Verbindung eines WWW-Dokuments mit einem anderen. Wird ein Hyperlink mit der Maus angeklickt, so wird eine Verbindung zu der im Hyperlink genannten Zieladresse aufgebaut.

Imagemap
Aktive Grafik, die je nach Position des Cursors entsprechende Link-Befehle ausführt.

Internet
Zusammenschluß tausender unabhängiger Computernetzwerke, die über ein gemeinsames Datenaustauschprotokoll miteinander kommunizieren können.

Internet-Provider
Siehe Provider.

InterNIC
Internationales Network Information Center. Die einzige Zentralstelle des Internet. Vom InterNIC werden u.a. die Domain-Namen verwaltet.

Intranet
Firmen- oder organisationsinternes Netzwerk, welches auf HTML Basis
funktioniert und Zugang zum Internet bieten kann.

IP-Adresse
Die IP-Adresse ist die Adresse, die sich hinter einem Domain-Namen ver-
birgt. Über die IP-Adresse kann ein bestimmter Computer oder Server im
Internet angesteuert werden.

IRC (Internet Relay Chat)
Elektronisches Diskussionsforum für Freaks.

ISDN (Integrated Services Digital Network)
Digitales Kommunikationsnetz mit Datenübertragungsgeschwindig-
keiten von bis zu 128 Kbps bei Bündelung von zwei B-Kanälen.

ISOC (Internet Society)
Oberste Instanz des Internet.

Java
Software, die Multimedia-Anwendungen im Internet zuläßt.

JPEG
Grafikformat, das die Darstellung von z.B. Fotos mit hoher Farbauflö-
sung im WWW erlaubt. Die Daten sind sehr stark komprimiert, was
eine vergleichsweise kleine Dateigröße und damit schnelle Übertragung
ermöglicht.

KB (Kilobyte)
Annähernd 1000 Bytes.

Kennwort
Einfach Methode der Datensicherung durch Limitierung des Zugangs.

Kerberos
Ein umfangreiches Authentifikationssystem, welches sowohl der
Sicherung der Identität als auch der Schlüsselverteilung dient.

Key-Server
Zentraler Rechner, auf dem öffentliche Schlüssel für ein Verschlüsselungsprogramm abgelegt werden können und dort für jedermann zugänglich sind.

Kryptographie
Die Kunst der Geheimschriften. Funktioniert entweder symmetrisch mit einem gemeinsamen Schlüssel oder asymmetrisch mit einem öffentlichen und einem privaten Schlüssel.

LAN (Local Area Network)
Gruppe von Computern, die miteinander verbunden sind und sich, im Gegensatz zum WAN, räumlich nahe beieinander (z.B. innerhalb einer Firma) befinden.

Lesezeichen
Lesezeichen können mit Hilfe des Browers abgespeichert werden und ermöglichen das schnelle Wiederauffinden von WWW- oder FTP-Seiten.

Link
Siehe Hyperlink.

Login
Zeichenfolge zur Anmeldung bei einem entfernten Computer. Über das Login kann der Anwender identifiziert werden. Die Zugangsberechtigung wird dann über das Paßwort verifiziert.

Lurker
Teilnehmer einer Diskussionsrunde, der nur zuhört und keine Beiträge abgibt.

Lycos
Internationale Suchmaschine.

Medizinindex Deutschland
Eine der umfangreichsten und beliebtesten medizinischen Navigationshilfen im deutschsprachigen Internet. Der Medizinindex Deutschland

unter www.medizin.de eignet sich sowohl als Startpunkt für Surfausflüge als auch für gezielte medizinische Recherchen.

Medline
Datenbank der gesammelten medizinischen Weltliteratur. Medline Abstracts sind kostenlos und tagesaktuell im Internet erhältlich. Zugang zu den relevanten Medline Servern wie Pub-Med erhält man u.a. über den Medizinindex Deutschland.

MIME (Multipurpose Internet Mail Extensions)
E-Mail-Standard der die Übertragung von 8-bit Datenströmen erlaubt, die für File-Attachments an die E-Mail notwendig sind.

Modem (Modulator/Demodulator)
Hardwareausrüstung, welche zwischen Computer und (normalerweise) Telefonleitung geschaltet wird und die Datenübertragung ermöglicht.

MPEG
Standard zur Videokompression der Motion Pictures Expert Group.

MSN
a) Multiple Subscriber Number. Telefonnummer bei einem ISDN-Anschluß.
b) Microsoft Network Online-Dienst.

Netiquette
Verhaltenskodex insbesondere innerhalb von News-Groups, zur Verhinderung von Mißverständnissen, die aufgrund der nonverbalen Kommunikation auftreten könnten.

Netscape
Name der Softwarefirma, die einen der weitverbreitetsten Internet-Browsers anbietet.

News
Gesamtheit aller Diskussionsgruppen.

News-Gruppe (News-Group)
Teil des Usenet. Diskussionsforum zu einem bestimmten Thema.

News-Reader
Programm, das die Beteiligung an einer Diskussionsgruppe (News-Gruppe)
im Usenet ermöglicht. News-Reader sind in einigen neuen Internet-Browsern automatisch enthalten.

NIC.de
Deutsche Zweigstelle des InterNIC in Karlsruhe. Verwaltet alle Domains mit der Endung „.de".

NNTP (Network News Transfer Protocol)
Protokoll zur Versendung von Usenet-News.

Offline
Keine Verbindung zu einem entfernten Computer.

Online
Meist über die Telefonleitung hergestellte Verbindung zu einem entfernten Computer.

Online-Dienst
Unternehmen, das über ein unternehmenseigenes Computernetzwerk
spezifische Spezialdienste anbietet. Darüber hinaus bietet jeder Online-
Dienst über ein Internet-Gateway Zugang zum Internet und den Inter-
net-Diensten.

Page Views
Anzahl der Abrufe einer bestimmten Internet-Seite.

PGP (Pretty Good Privacy)
Verschlüsselungsprogramm vorwiegend für E-Mails, basierend auf
Kryptographie-Algorithmen. Funktioniert nach dem public key-Ver-
fahren (s.u. Schlüssel).

Plug-In
Kleine Software-Module durch die ein Browser um bestimmte Funk-
tionalitäten erweitert werden kann. Plug-Ins erlauben z.B. das Abspielen
von Sounddateien oder Videosequenzen. Beispiele sind der Adobe
Acrobat Reader (www.adobe.com) zum Betrachten von Printdokumenten

im Originallayout, QuickTime von Apple (www.quicktime.apple.com) für Videoclips, Realaudio (www.realaudio.com) für Soundfiles und Internet-Radiosender oder das Shockwave Plug-In (www.macromedia.com) zum Abspielen aufwendiger Multimedia Anwendungen. Plug-Ins können meist kostenlos bei den angegebenen Adressen heruntergeladen werden.

POP (Point of Presence)
Ort an dem ein bestimmter Provider oder Online-Dienst einen Einwahl-knoten betreibt.

POP3 (Post Office Protocol)
Protokoll zum Empfang von E-Mails.

Posting
Senden eines Artikels an eine News-Gruppe des Usenet.

PPP (Point to Point Protocol)
Protokoll, das die Anbindung einzelner Computer direkt ans Internet er-möglicht. PPP wird auch von Online-Diensten und Providern angeboten.

Protokoll
Programm, das die Gesetzmäßigkeiten festlegt, nach welchen die mit-einander verbundenen Computer ihre Daten austauschen.

Provider
Stellt auf gewerblicher Basis Zugang zum Internet für Privatpersonen oder Firmen her.

Proxy-Server
Zwischengeschalteter Server, der unnötige Datenströme begrenzen kann, indem häufig abgefragte Informationen zwischengespeichert werden. Auf diese Weise muß nicht jede Information direkt vom Ursprungsserver heruntergeladen werden.
Gibt als Teil einer Firewall eine direkte Verbindung zwischen An-wender und Server vor, um in Wirklichkeit die Verbindung zu trennen, die Inhalte der Datenpakete zu überprüfen und, je nach Einstellung passieren zu lassen.

Pull Down Menü
Menüauswahl, welche erst zum Vorschein kommt, wenn man eine bestimmte Bildschirmregion anklickt.

Router
Computer im Netzwerkverbund, der Nachrichten weiterleitet. Viele Server oder Hosts sind gleichzeitig auch Router. Router verbinden verschiedene Netzwerke und bestimmen die Datenflußrichtung.

RTFM
Abkürzung für eine bösartige Bezeichnung, die in News-Groups zuweilen anzutreffen ist, wenn sich neue Teilnehmer nicht ausreichend informieren, bevor sie an der Diskussion teilnehmen. Read The F...... Manual.

S_0-Schnittstelle
Schnittstelle am Network Terminator, dem Bindeglied zwischen Telekom und ISDN-Endgeräten. An der S_0-Schnittstelle können die ISDN-Geräte und Karten angeschlossen werden.

Schlüssel
Chiffriereinheit, nach der Klartext verschlüsselt wird. Wenn eine Nachricht mit dem gleichen Schlüssel ver- und entschlüsselt wird, spricht man von einem private key-System. Werden für beide Vorgänge jeweils andere Schlüssel benötigt, von denen einer öffentlich zugänglich (public key), der andere (private key) geheim ist, wird dies public key-Verfahren genannt.

SCSI
Das Small Computer Systems Interface ist eine Schnittstelle zum Datenaustausch mit CD-ROM Laufwerken oder anderen Hardwarekomponenten.

Search Engine
Suchprogramm im WWW. Ermöglicht die Suche nach bestimmten Begriffen und gibt als Ergebnis die WWW-Adressen der in Frage kommenden Internet-Seiten aus.

Seite
WWW-Dokument.

Server
a) Bezeichnung für denjenigen Computer im Netzverbund, der alle anderen Computer mit Informationen und Programmen versorgt. Ein Server ist nicht automatisch auch ein Host, da nicht immer eine Internet-Verbindung besteht.
b) Software, mit deren Hilfe auf einem Computer Internet-Dokumente untergebracht sind, die von anderen Computern abgefragt werden können.

SGML (Standard Generalized Markup Language)
Komplexe Sprache zur Auszeichnung von Dokumenten, aus der HTML entwickelt wurde.

Shareware
Software, die für jeden zugänglich ist, jedoch im Gegensatz zur Freeware nur für einen bestimmten Zeitraum benutzt werden darf. Zur Dauernutzung sind Registrierung und Bezahlung erforderlich.

Signatur
a) Automatisch eingefügte Unterschrift am Ende einer E-Mail-Nachricht. Die Signatur sollte aus Gründen der Netiquette nicht länger als vier Zeilen sein.
b) Die digitale Signatur wird mit den Methoden der Kryptographie erstellt und sichert die Authentizität und Urheberschaft von Dokumenten. Sie kann rechtsverbindlichen Charakter haben.

Site
Angebot eines bestimmten Anbieters im Internet.

SLIP (Serial Line Internet Protocol)
Älteres Protokoll zur direkten Anbindung eines Computers an das Internet (Siehe auch PPP).

Smiley
Folge von Strichzeichen, die zur Kennzeichnung von Stimmungen in Texten geeignet ist und Mißverständnisse verhindern soll. Das Beispiel :-) symbolisiert ein lachendes Gesicht. Man kann dies erkennen, wenn man den Kopf nach links neigt.

SMTP (Simple Mail Transfer Protocol)
Protokoll für den E-Mail-Versand.

Snail Mail
Bezeichnung für die gute alte Briefpost.

Spam
Unerwünscht zugesandte E-Mails, die den elektronischen Postkasten zum Überlaufen bringen. Wortschöpfung aus „Spill" (überlaufen) und „Cram" (vollstopfen).

Sub Domain
s. Domain

Suchen
Im Internet gibt es fast alles. Nur kein Inhaltsverzeichnis. Es kann daher recht zeitaufwendig sein, sich die gewünschten Inhalte herauszufiltern. Hilfestellung hierbei bieten Suchmaschinen.

Suchmaschine
Riesige Datenbanken die regelmäßig und entweder manuell oder automatisch die im Internet vorhandenen Informationen durchforsten und kategorisiert zur Abfrage bereitstellen. Man kann zwischen Robots, bei welchen nach Schlagworten gesucht wird, und Katalogen mit Kategorien unterscheiden.

T-DSL
Das ADSL-Angebot der Deutschen Telekom.

Telnet
Internet-Dienst, mit dessen Hilfe die Fernsteuerung von Computern möglich ist. Voraussetzung dazu ist allerdings die Autorisierung durch den jeweiligen Betreiber.

TFT
Thin Film Transistor-Bildschirme sind Flachbildschirme, die insbesondere bei tragbaren Computern und Laptops zum Einsatz kommen. Die

TFT-Technik für diese „Aktiv-Matrix Bildschirme" ist sehr teuer. TFT-Bildschirme sind strahlungsfrei.

UNIX
Betriebssystem, auf dem die meisten Internetapplikationen basieren. UNIX-Kenntnisse waren bis vor kurzem unerläßlich, um am Internet-Datenaustausch effektiv teilhaben zu können.

Upload
Kopieren von Dateien vom Client auf einen Server.

URL (Uniform Resource Locator)
Ältere Bezeichnung, die in einem Browser zur Eingabe einer Adresse aufgefordert hat. Diese Adresse war meist in der Form „http://www....", da sich die Browser ursprünglich fast ausschließlich auf das WWW bezogen. URL wird heute meist durch Bezeichnungen wie „Location:" oder „Go to:" ersetzt.

Usenet
Internet-Dienst, mit dessen Hilfe man Diskussionen zu bestimmten Themen führen kann.

V-Normen
Die V-Normen geben die Übertragungsgeschwindigkeit von z.B. Modems an. Beispiel:
V.34+ entspricht 33.600 bit/s, V.90 entspricht 56.000 bit/s.

Verschlüsselung
Durch die Datenverschlüsselung wird es für Hacker und Datenspione sehr schwierig, an Informationn zu gelangen. Dennoch hängt es sehr stark von der Länge des verwendeten Schlüssels ab, ob und wie schnell eine Nachricht wieder entschlüsselt werden kann. Verschlüsselungssysteme sind für medizinische Daten unumgänglich.

Viren
Viren sind Programme, die andere Programme oder Dateien manipulieren oder zerstören können. Häufig werden Viren in Attachments von E-Mails versendet und können ihre Wirkung entfalten, sobald das At-

tachment geladen oder gestartet wird. Um Virenangriffe zu unterbinden, empfielt es sich, E-Mails von unbekannten Absendern mit großer Vorsicht zu behandeln. Anti-Viren Programme sollten regelmäßig (spätestens alle 3–4 Monate) aktualisiert werden.

Visit
Meßgröße für die Anzahl der Besucher eines Internet-Angebots.

VRML (Virtual Reality Modeling Language)
Weiterentwicklung der Programmiersprache HTML. VRML erlaubt z.B. die Einbeziehung dreidimensionaler Grafik.

WAIS (Wide Area Information Service)
Mit WAIS lassen sich neben den Dokumententiteln auch die Inhalte der Dokumente durchforsten. Dabei gibt es die Möglichkeit, Dokumente nach der Auftretenshäufigkeit bestimmter Suchkriterien zu evaluieren.

WAN (Wide Area Network)
Netzwerk, bei dem einzelne Computer oder Einwahlknoten des Netzwerkes sehr weit auseinander stehen.

Webcasting
Abgeleitet vom Broadcasting ist Webcasting die Bezeichnung für das gezielte Versenden von selektierter Information. Der Kunde kann wählen, welche Informationen er gesendet haben möchte und bekommt diese dann automatisch via Internet geschickt.

Webmaster
Verwalter eines WWW-Angebots.

WinCIM
Compuserve Information Manager für Windows.

Winsock
Die Datei Winsock.dll ist die Datei, welche den Anschluß eines Windows 95- oder Windows NT-PCs an das Internet regelt.

WinZip
Packprogramm, mit dessen Hilfe große Dateien gepackt und dadurch zur Speicherung oder zum Transport verkleinert werden können. Vor der Benutzung müssen alle Dateien wieder entpackt werden. Auch dies leistet WinZip.

WWW (World Wide Web)
Das WWW ist derjenige Internet-Dienst, der den Erfolg des Internet begründet hat. Alle Online-Dienste bieten Zugang auch zum WWW. Basierend auf sog. Hyperlinks ist ein weltweites „Surfen" im WWW möglich.

WYSIWYG
Gängige Abkürzung für „What You See Is What You Get".

Yahoo
Eine der erfolgreichsten Internet Suchmaschinen unter www.yahoo.com oder www.yahoo.de.

Zeitungen
Nahezu alle Zeitungen sind inzwischen im WWW, dem größten Kiosk der Welt vertreten. Ab 19.00 Uhr kann man z.B. die neueste Ausgabe der Welt (www.welt.de) interaktiv lesen.

ZIP
Programm zur Komprimierung von Dateien. Die entstehenden Zip-Files können dann als Attachment einer E-Mail versendet werden.

Literaturverzeichnis/
Kontaktadressen

AAMC Home Page – Association of American Medical Colleges
http://www.aamc.org/
AARC
http://www.aarc.org/
Accufind
http://www.nln.com
Aesculap
http://www.aesculap.de/deutsch.htm
AESCULAP Home Page Deutsch
http://www.aesculap.de/
Aladin
http://www.aladin.de
Allert, S., Korff, F.: Schutz und Sicherheit im Internet, Zahnärztl. Mitt. 18, 1997, 82–7
Altavista
http://www.altavista.com/
AMA
http://www.ama-assn.org/
Amazon Bücherdienst
http://www.amazon.de
American Academy of Pediatrics
http://www.aap.org/
American Association of Blood Banks
http://www.aabb.org/ und http://www.transfusion.org
American College of Physicians
http://www.acponline.org/
American Dental Association
http://www.ada.org/
American Physical Therapy Association
http://apta.edoc.com/

AMIA
http://www.amia.org/
Amnesty International
http://www.amnesty.org/
Anonymizer
http://www.anonymizer.com
Antibiotic Guide
http://www.intmed.mcw.edu/AntibioticGuide.html
Antivirusprogramme Übersicht
http://www.tu-berlin.de/www/software/avprev.shtml
Anton Paar
http://www.anton-paar.com/
Apotheke Online
http://ipa.seiten.de/apotheke-online/
Astra
http://www.astrazeneca.com/
Audi AG
http://www.audi.de
Auto.de
http://www.auto.de
Aventis Pharma
http://www.pharma.aventis.de
AWMF
http://www.uni-duesseldorf.de/WWW/AWMF/
Azupharma
http://www.azupharma.de/
Baldwin, F.D.: Medical uses of the Internet. Pa-Med. 98, 1995, 26-7
Bank24 Aktiencharts
http://www.deutsche-bank-24.de
Bard, J.B.; Davies, J.A.: Development, databases and the Internet. Bioessays. 17, 1995, 999-1001
BASF
http://www.basf.de
Baxter
http://www.baxter.de
Bayer Diabeteshaus
http://www.diabeteshaus.de/
Bayer Homepage
http://www.bayer.de und http://www.bayer-healthvillage.com
Bayern Online
http://www.bayern.de
Benjamin, I., Goldwein, J.W., Rubin, S.C., McKenna, W.G.: OncoLink: a cancer information resource for gynecologic oncologists and the public on the Internet. Gynecol-Oncol. 60(1), 1996, 8–15

BMW AG
http://www.bmw.de
Bobby R. Alford Department of Otorhinolaryngology and Communicative Sciences
http://www.bcm.tmc.edu/oto/
Boehringer Ingelheim
http://www.boehringer-ingelheim.de und http://www.medworld.de
BOL
http://www.bol.de
Brigham RAD
http://www.brighamrad.harvard.edu/
BR-Online
http://www.br-online.de/
Bristol-Myers Squibb Home Page
http://www.b-ms.de
British Medical Journal
http://www.bmj.com/
Bundesamt für Strahlenschutz
http://www.bfs.de/
Bundesministerium für Gesundheit
http://www.BMGesundheit.de/
BV Stotterer-Selbsthilfe e.V.
http://www.hsp.de/~
Cablesurf
http://www.cablesurf.de/
Cambridge University Press
http://www.cup.cam.ac.uk/
Cancernet
http://www.meb.uni-bonn.de/cancernet/
CBT-Server Medizin der Universität Heidelberg
http://www.hyg.uni-heidelberg.de/
Children with diabetes
http://www.childrenwithdiabetes.com/
CNN-Health
http://cnn.com/health
Comdirect Bank
http://www.comdirect.de
Consors Discountbroker
http://www.consors.de/
Cookie Cutter
http://www.davecentral.com/
Crawler
http://www.crawler.de
Daimler Benz AG
http://www.daimlerchrysler.de

Datenschutz und Datensicherheit
http://www.uni-mainz.de/~pommeren/DSVorlesung/
David, T.: Accessing the Internet is far from easy. BMJ. 312, 1996, 55
Delamothe, T.: Hospital jobs on the Internet. BMJ. 311, 966
Dental Related Internet Resources
http://www.dental-resources.com/
Dentalbytes
http://www.dentalbytes.com/
Dentsply
http://www.dentsply.de/
Dermatology Online Atlas
http://www.derma.net/bildb/index-d.htm
Deutsche Bahn AG
http://www.bahn.de
Deutsche Bank
http://www.deutsche-bank.de
Deutsche Gesellschaft für Kardiologie
http://www.dgkardio.de
Deutsche Metasuchmaschine
http://meta.rrzn.uni-hannover.de/
Deutsche Zentralbibliothek für Medizin
http://www.uni-koeln.de/zentral/zbib-med/
Deutscher Ärzteverlag
http://www.aerzteverlag.de/
Deutscher Bundestag
http://www.bundestag.de
Deutsches Ärzteblatt
http://www.aerzteblatt.de/
Deutsches Gesundheitsforum
http://www.deutsches-gesundheitsforum.de
Deutsches Krebsforschungszentrum Heidelberg
http://www.dkfz-heidelberg.de/
Diabcare
http://www.diabcare.de
Diabetes Forum
http://www.diabetes-forum.de
Diabetes Haus
http://www.diabeteshaus.com/
Die Welt
http://www.welt.de/
Digital Journal of Ophthalmology
http://www.djo.harvard.edu
Digital Medical Library
http://www.telemedical.com/Telemedical/library.html

DIMDI
http://www.dimdi.de
Dino-Online
http://www.dino-online.de
Direkt Anlage Bank
http://www.diraba.de/
DLR – Institut für Luft- und Raumfahrtmedizin
http://www.me.kp.dlr.de/
Doccheck
http://www.doccheck.de
Doyle, D.J.: A clinician's experiences on the Internet. Can-Med-Assoc-J. 154(3), 1996, 382-4
Dr. Ischler
http://www.ischler.com/
Draeger WorldWideWeb International
http://www.dwhl.de/
DresdnerBank
http://www.dresdnerbank.de
Duffy, P., Miller, D.: Publishing and the Internet. Can-J-Anaesth., 42, 1995, 1177
DVMT-Titelseite
http://www.dvmt.de
Ebell, M.H.: The Internet as a resource for family physicians. Am-Fam-Physician. 53, 1996, 850, 855-6, 861
EBM Informatics Homepage
http://cebm.jr2.ox.ac.uk
Eli Lilly and Company
http://www.lilly.com/
Elsevier Science Home Page
http://www.elsevier.nl
Emergency Medicine and Primary Care Home Page by EMBBS
http://www.embbs.com/
ESPE
http://www.espe.de/
Excite Deutschland
http://www.excite.de
Excite International
http://www.excite.com
Eysenbach: Woerterbuch der EDV-Begriffe in der Medizin
http://yi.com/home/EysenbachGunther/wb.htm
Fak. f. Klinische Medizin (Heidelberg)
http://www.urz.uni-heidelberg.de/institute/fak5/
Financial Times
http://www.ft.com/
Financial Times Deutschland
http://www.ftd.de

Fine Arts Museum of San Francisco
http://www.thinker.org/index.shtml
Fireball
http://www.fireball.de
Firstsurf Online Magazin
http://www.firstsurf.com/
FMA MedONE Home Page
http://www.medone.org/
Focus Nachrichtenmagazin
http://www.focus.de/
Focus Suchmaschine
http://www.netguide.de/
Food and Drug Administration Home Page
http://www.fda.gov/
Forschung Entwicklung Technologie
http://www.iid.de/forschung/index.html
Frankfurter Allgemeine
http://www.faz.de/
Frankfurter Index
http://www.dr-antonius.de
FU-Berlin
http://www.ukbf.fu-berlin.de/
Galvin, J.R., D'Alessandro, M.P., Erkonen, W.E., Smith, W.L., el-Khoury, G.Y.,
Weinstein, J.N.: The virtual hospital. Providing multimedia decision support tools
via the Internet. Spine. 20, 1995, 1735-8
Gehrke, B.: Med-Online Guide, MD-Verlag München, 1997
Gelbe Liste
http://www.gelbe-liste.de
Geo Reisen
http://www.geo.de/intern/news
Gesund Aktuell
http://www.gesund.aktuell.de/
Glaxo Wellcome
http://www.glaxowellcome.de
Global Message Exchange
http://www.gmx.de
GMA Ges.f.medizinische Ausbildung
http://www.gma.mwn.de/
Goldman School of Dental Medicine
http://dentalschool.bu.edu/
Google
http://www.google.com
Gutenberg-Projekt
http://gutenberg.aol.com

GZM
http://www.gzm.org
Handelsblatt
http://www.handelsblatt.de/
Health and Science News
http://www.nando.net/nt/health/
Health On the Net Foundation
http://www.hon.ch/
Healthgate
http://www.healthgate.com/
Healthweb
http://imsdd.meb.uni-bonn.de/virtual/healthweb.de.html
Hexal
http://www.hexal.de
Hoechst
http://www.hoechst.com/
Hoffmann-La Roche
http://www.roche.com
Hospital Web
http://neuro-www.mgh.harvard.edu/hospitalweb.shtml
Hotbot
http://www.hotbot.com/
Hukins, C., Pitcher, M.: Medical library innovates on the Internet. BMJ. 311, 1995, 1305
Inference
http://www.inference.com/
Infomed
http://www.infomed.org/hotlist/medline.html
Infomed Links
http://www.infomed.org/links.html
Informationszentrale gegen Vergiftungen der Universität Bonn
http://www.meb.uni-bonn.de/giftzentrale/l
Infoseek
http://infoseek.de
Interactive Patient Home Page
http://medicus.marshall.edu/medicus.htm
Internet Adress Finder
http://www.iaf.net/
JAMA-Homepage
http://www.ama-assn.org/
Jenapharm
http://www.jenapharm.de
JF Lehmanns Fachbuchhandlung
http://www.lob.de
Johnson, A.: The Internet and World Wide Web explained. J-Audiov-Media-Med. 18, 1995, 109-13

Johnson & Johnson
http://www.jnj.com
Jones, D.N., Carr, P.: Medical imaging and the Internet. Australas-Radiol. 39, 1995, 329-30
Juristische Online Datenbanken
http://www.jura.uni-sb.de/internet/Datenbanken.html
Kassenärztliche Bundesvereinigung
http://www.kbv.de/
Kassenzahnärztliche Vereinigung Nordrhein
http://www.zahnaerzte-nr.de/
Kennedy, D.: Using medical images from the Internet in presentations. J-Biol-Photogr. 63, 1995, 85-6
Klein, C.N.: Pharmacy and the Internet. Am-J-Health-Syst-Pharm. 52, 2095
Knoll-Deutschland
http://www.knoll-deutschland.de/
Kohl-Pharma
http://www.kohl-pharma.de/
Kölner Zahnärztehaus
http://www.kzbv.de/
Korff, F.: Der Zahnarzt und das Internet, Zahnärztl. Mitt. 18, 1996, 26–32.
Korff, F.: Die Medline-Datenbank im WWW, PraxisMed 9, 1997, 21–4.
Korff, F.: Ein besonderes Reiseangebot (Interessantes aus dem Internet), Zahnärztl. Mitt. 9, 1997, 62-3.
Korff, F.: Gefahr aus dem Internet, Zahnärztl. Mitt. 6, 1997, 74–5.
Korff, F.: Highlights aus dem Internet, PraxisMed 4, 1997, 18–9.
Korff, F.: Internet, das Tor zur Welt, PraxisMed 11, 1996, 30–3.
Korff, F.: Internet-Wegweiser für Mediziner, Zahnärztl. Mitt. 17, 1997, 74–6.
Korff, F.: Multimedia-Entwicklungen in der Medizin im Vormarsch, Zahnärztl. Mitt. 24, 1996, 48–9.
Korff, F.: Ordnung für das Chaos im Netz, Zahnärztl. Mitt. 16, 1997, 52–5.
Krebshilfe
http://www.krebshilfe.de/
Krebsinfo
http://www.krebsinfo.de/
Krebsinformationsdienst KID
http://www.dkfz-heidelberg.de/kid/kid.htm
KZBV
http://www.kzbv.de/
Laborgerätebörse
http://www.opennet.de/labexchange/
Lastminute Reisen
http://www.lastminute.de/
Lebensmittelzusatzstoffe
http://www.chemie.uni-bonn.de/oc/ak_br/PEOPLE/Rot/e-nummer.html

Leo-Org
http://www.leo.org
Links to medical ressources
http://www.hyg.uni-heidelberg.de/links/medlinks.html
Lippincott Williams & Wilkins
http://www.lww.com
Lufthansa AG Infoflyway
http://www.lufthansa.com/
Lycos Deutschland
http://www.lycos.de
Marburger Bund
http://www.marburger-bund.de/
Marimba
http://www.marimba.com
Maßhemden
http://www.dietrich.com
Mayo Clinic & Foundation for Medical Education and Research
http://www.mayo.edu/
McEnery, K.W., Roth, S.M., Kelley, L.K., Hirsch, K.R., Menton, D.N., Kelly, E.A.: A method for interactive medical instruction utilizing the World Wide Web. Proc-Annu-Symp-Comput-Appl-Med-Care., 1995, 502-7
Med-Online
http://www.med-online.de/
Med.de W3+
http://www.med.de/
Medi-Netz
http://www.medi-netz.com
Medical Society of Virginia
http://www.msv.org/
Medicine-worldwide
http://www.medicine-worldwide.de
Mediconsult
http://www.mediconsult.com/
Medimedia International
http://www.medimedia.com/
Medimedia Deutschland
http://www.medimedia.de/
Medivista
http://www.medivista.de
Medizin-Forum
http://www.medizin-forum.de/forum/
Medizinindex Deutschland
http://www.medizin.de/
Medline
http://www.ncbi.nlm.nih.gov/PubMed

Medline Rating
http://www.infomed.org/hotlist/medline.html
Medscape
http://www.medscape.com/
MedWeb:
http://www.med.web.emory.edu/medweb
MedWeb: Electronic Newsletters and Journals
http://www.rz.uni-duesseldorf.de/WWW/MedFak/Orthopaedie/journal/medweb_e.htm
MedWorld Research Corner: Journals
http://www-med.stanford.edu/school/MedWorld/research_journals.html
Meine Gesundheit
http://www.meine-Gesundheit.de
Merck & Co., Inc., USA
http://www.merck.com/ und http://www.msd.de
Merck KGaA Darmstadt
http://www.merck.de und http://www.medizinpartner.de
Mesa
http://mesa.rrzn.uni-hanover.de/
Metacrawler
http://www.go2net.com
Meteosat Foto
http://www.met.fu-berlin.de/wetter/meteosat/satt.jpg
Michigan State Medical Society Home Page
http://www.msms.org/
Microsoft Explorer
http://www.microsoft.com
MIT Press Boockstore
htp://mitpress.mit.edu/boockstore
MSNBC
http://www.msnbc.com/news/
Multimedica
http://www.multimedica.de
Nando Times
http://www.nandotimes.com/healthscience/
NAV-Virchowbund
http://WWW.MEDI-NETZ.
Netguide
http://netguide.de
Netscape
http://www.netscape.com
New England Journal of Medicine
http://www.nejm.org/
New York University College of Dentistry
http://www.nyu.edu/Dental/

Notfall
http://www.notfall.com/
Novartis
http://www.novartis.de/
Ontario Medical Association
http://www.oma.org/
Opera
http://www.opera.com
Ophthalmology Online – Der deutsche Online-Dienst für Augenärzte
http://www.ool.de/
Oral and Maxillofacial Radiology Case Studies
http://bpass.dentistry.dal.ca/casestudies.html
Orthopädie Textbook
http://www.medmedia.com/
Outbreak
http://www.outbreak.org
Oxford University Press USA
http://www.oup-usa.org/
Painweb
http://www.painweb.de/
Pallen, M.: Electronic mail. BMJ. 311, 1995, 1487-90
Pallen, M.: Guide to the Internet. Logging in, fetching files, reading news. BMJ. 311, 1995, 1626-30
Pallen, M.: Guide to the Internet. The world wide web. BMJ. 311, 1995, 1552-6
Pallen, M.: Introducing the Internet. BMJ. 311, 1995, 1422-4
Pediatric Points of Interest
http://www.med.jhu.edu/peds/neonatology/poi.html
PedsCCM: Pediatric Critical Care Medicine
http://www.pedsccm.org
Peisl, T.: Barrieren in Veränderungsprozessen, Dissertationsschrift TU Chemnitz-Zwickau, 1995
Pfizer
http://www.pfizer.de
PGP-Homepage
http://www.nai.com
Pharmaceutical Information Network
http://pharminfo.com/
Pharmazeutische Links und Homepages
http://www.uni-frankfurt.de/~garrit/biowelt/pharmalinks.html
Pneumo
http://www.pneumo.de
Pointcast
http://www.pointcast.com
Poliklinik für Kieferorthopädie LMU-München
http://www-kfo.dent.med.uni-muenchen.de/

Porsche
http://www.porsche.de/homepage.htm
Potter, L.A.: A systematic approach to finding answers over the Internet. Bull-Med-Libr-Assoc. 83, 1995, 280-5
Praxisservice
http://www.praxisservice.de
Price, W.S.: Superhighway: NMA's access to the Internet. J-Natl-Med-Assoc. 88, 1996, 15-6
Provider
http://www.heise.de
PubMed Medline
http://www4.ncbi.nlm.nih.gov/PubMed/index.html
Quinline
http://www.quinline.de/
Radiologische Fallsammlung
http://radserv.med-rz.uni-sb.de/index.html
Ratiopharm
http://www.ratiopharm.de/
Reiseservice
http://www.reiseservice.de
Reuters
http://www.reuters.com/
Reuters Health
http://www.reutershealth.com/
Rheuma-Wegweiser im Internet
http://www.rheuma-zentrum.com/
Rheuma (Charité Berlin)
http://www.ukrv.de/ch/rheuma/index.html
RheumaNet
http://www.rheumanet.org/
Rhone-Poulenc
http://www.rhone-poulenc.com/
Robert-Koch-Institut
http://www.rki.de/
Roche
http://www.roche.de/
Rothacker
http://www.rothacker.de/default.html
Schwarz-Pharma
http://www.schwarzpharma.de/
Scinetphotos
http://www.scinetphotos.com/medimg.html
SER Quantum Infopool
http://www.quantum.de/zahlen/index.html
Sharelook
http://www.sharelook.de

SHG Fettstoffwechselerkrankter
http://www.ping.at/users/redlip
Siemens AG
http://w1.siemens.de/de/products_n_solutions/medizin/index.html
Silicon Graphics
http://www.sgi.com
Sleuth Search Health – Medicine
http://www.isleuth.com/medi.html
SMA
http://www.sma.org/
Spallek, H., Spallek, G.: The Global Village of Dentistry, Quintessenz-Verlag Berlin, 1997
Spiegel Nachrichtenmagazin
http://www.spiegel.de
Spiers, C.: Confessions of an Internet addict. Occup-Health-Lond. 47, 1995, 358
Spitta Verlag
http://www.spitta.de/
Springer
http://www.springer.de
Stada
http://www.stada.de/
Stern Nachrichtenmagazin
http://www.stern.de/
Stern Reise Newsletter
http://www.stern.de/newsletter
Suchen
http://www.suchen.de
Süddeutsche Zeitung
http://www.sueddeutsche.de
Sullivan-R.: Cascade system for getting urgent information to doctors. CSM should use email and the Internet. BMJ. 312, 1996, 578
Tagesschau
http://www.tagesschau.de/
Telemed
http://www.telemed.org/
Temple University School of Dentistry
http://www.temple.edu/dentistry/
The American Dental Association
http://www.ada.org/
The Association of Academic Physiatrists
http://www.physiatry.org
The Institute for Head & Neck Surgery, Houston, Texas
http://www.uth.tmc.edu/oto/
The MIT Press Bookstore
http://www-mitpress.mit.edu/bookstore.html

The Navigator Tvtoday
http://www.tvtoday.de/
The Wall Street Journal
http://www.wsj.com/
Thieme
http://www.thieme.de
Traditionelle Chinesische Medizin
http://www.akupunktur.ch/
Travel Overland Flugauskunft
http://www.travel-overland.de/
Tucows Shareware
http://www.tucows.com/
TV-Movie
http://www.tvmovie.de
Twardy
http://www.twardy.de/
Uni Bonn
http://imsdd.meb.uni-bonn.de/
Uni Düsseldorf
http://www.uni-duesseldorf.de/WWW/MedFak/
Uni Frankfurt
http://www.klinik.uni-frankfurt.de/
Uni Gießen
http://www.med.uni-giessen.de/
Uni Göttingen
http://www.AMS.Med.Uni-Goettingen.de/
Uni Köln
http://www.zbmed.de
Uni München (LMU)
http://www.med.uni-muenchen.de
Uni Münster
http://medweb.uni-muenster.de
United Parcel Service
http://www.ups.com
University of Geneva – Faculty of Medecine – School of Dentistry – Orthodontics
http://www.unige.ch/smd/orthotr.html
Vanzyl, A.J., Cesnik, B.: The Internet and its role in teaching medical informatics to
undergraduates. Medinfo. 8 (2), 1995, 1154-7
VCH
http://www.wiley-vch.de/vch
Vectorpharma
http://www.vectorpharma.com/
Verbraucher Initiative e.V.
http://www.umwelt.de/

Vereinigte Wirtschaftsdienste
http://www.vwd.de/
Virtual Frog Dissection Kit
http://www-itg.lbl.gov/ITG.hm.pg.docs/dissect/info.html
Virtual Hospital Home Page
http://vh.org/
Visible Embryo
http://visembryo.com
Visible Human Project
http://www.nlm.nih.gov/research/visible/visible_human.html
Voxel Man
http://www.uke.uni-hamburg.de/Institute
Web.de
 http://www.web.de
Webreference
http://www.webreference.com
Wetterfoto
http://www.physik.uni-greifswald.de/~haberlan/wetter.html
Willard, K.E., Hallgren, J.H., Sielaff, B., Connelly, D.P.: The deployment of a World
Wide Web (W3) based medical information system. Proc-Annu-Symp-Comput-
Appl-Med-Care., 1995, 771-5
Wirtschaft-Online
http://www.wirtschaft-online.de/
Work with the VISIBLE HUMAN data set
http://www.uke.uni-hamburg.de/Institutes/IMDM/IDV/VisibleHuman.html
World Health Organization
http://www.who.int
Wright, D.N.: Interactive multimedia dental education: the next five years and
beyond. Medinfo. 8(2) 1995, 1305-7
WWW Virtual Library: Biosciences: Medicine
http://www.ohsu.edu/cliniweb/wwwvl/
Yahoo! Deutschland
http://www.yahoo.de/
Yahoo! International
http://www.yahoo.com
Yom, S.S.: The Internet and the future of minority health. JAMA. 275, 1996, 735
Zahn-Online
http://zahn-online.de
Zelingher, J.: Internet medical publications: publish (electronically) or perish?
MD-Comput. 12, 1995, 428-33
Zimmerman, J.L.: Growth of the Internet and its impact on health care and society.
N-Y-State-Dent-J. 61, 1995, 64-9
Zimmerman, J.L.: The electronic window to the world. J-Dent-Educ. 60, 1996, 33-4

Sachverzeichnis

O

P

R

S

W

Y